双書⑪・大数学者の数学

アーベル（前編）
不可能の証明へ

高瀬正仁

現代数学社

Niels Henrik Abel（1802–1829）
『生誕 100 年記念文集』より
画：ヨーハン・ヨルビッツ
（1826 年）

アーベルの生地の光景

はじめに
―― 回想のアーベル ――

アーベルの魔力

　西欧近代の数学の根底を築いたのはオイラーとガウスである．どこまでも果てしなく広がりゆく高原のようなオイラーと，底のないほどにどこまでも深まりゆく深海のようなガウス．いずれ劣らぬ真に偉大な数学者だが，同時に，学ぼうと志す者を畏怖させてやまない力を備えている．これに対し，アーベルはさながら野の花園のようである．代数方程式，実解析，楕円関数，アーベル関数が咲き乱れて見る者の目を楽しませ，いつしか数学の魅力へと引き込んでいくが，魅力というよりもむしろ「魔力」というほうが相応しいのではないかと思う．

　実際，アーベルが開いた数学的世界には魔法の力が遍在する．アーベルの代数方程式論は「不可能の証明」に始まり，「アーベル方程式」の発見を経て，アーベル方程式の構成問題の扉を開く地点に到達した．楕円関数論に先立っていきなり「パリの論文」(1826年)を執筆し，完全に一般的なアーベル積分を相手にして加法定理の存在を明らかにして，オイラーもなしえなかったほどの高みに登った．それからアーベルは「楕円関数研究」(1827, 28年)という大きな論文を世に問い，楕円関数論の領域でヤコビとともにオイラーに続く開拓者の位置を占めることになった．しかもアーベルの楕円関数論はアーベル方程式の理論と不可分に連繋し，展望すると，100年の後のヒルベルトと高木貞治の類体論までもが視圏にとらえられるのである．アーベルに続いてクロネッカー，クンマー，ヴァイエルシュトラス，リーマン，ヒルベルト

i

とすぐれた継承者が引きも切らず，ドイツ数学史の基幹線が形成されていったが，数学の志を共有する人々の手から手へとバトンがわたされていく情景には深いロマンチシズムが湛えられ，感銘の深いことは西欧近代の全数学史を通じても際立っている．

　二項定理や無限級数の収束に関することなど，アーベルの実解析研究にはコーシーの影響が認められるが，代数方程式論と楕円関数論の領域では，ガウスの声なき声が随所に響いている．ガウスはこの二つの領域で数学が歩むべき道に確信があり，しっかりと保持していたが，わずかに公表された著作と論文の中で思索の姿を示唆するのみにとどまり，多くを語ろうとしなかった．それでもなおアーベルの心の耳はガウスの小さな声を聞き分けることができた．アーベルはガウスに代わってガウスの歩むべき歩みを運んだが，しかもその足取りはきわめて創意に富み，ガウスの示唆を超越した地点に及んだ．アーベルは真にガウスの継承者の名に相応しい数学者だが，模倣とは無縁であり，継承の仕方に独創があったのである．

代数方程式の理論

　このような状況観察を踏まえると，アーベルの数学を語るには二部構成にするのがよいのではないかと思う．はじめに代数方程式論を語り，それから楕円関数論へと転じ，そのうえでこの二つの理論が不可分に連繋する様子を描写するというふうに進むのが理想である．本書では第一部として代数方程式論を取り上げることにした．実解析の領域でのアーベルの寄与については，アーベルひとりを単独に取り上げるのではなく，「解析学の歴史」という大きな枠組みの中にアーベルを配置するべきであろう．

　アーベルははじめ代数方程式の解法に関心を寄せ，5次方程式

を解こうと試みた．1821年，まだカテドラルスクールに在学中に成功したと思い，論文を書いたが，師でもあり友人でもあるホルンボエにも，クリスチャニア大学の数学者ハンステンにも正否の判断がつかなかった．そこでデンマークのコペンハーゲンの数学者デゲンに見てもらったところ，デゲンはまちがっていると明言することはなかったものの，正しいとも言わず，もう少し考えてほしいという慎重な態度を示した．たぶんデゲンは疑わしいと思ったのであろう思われるが，このときデゲンは，5次方程式よりももっと重要なテーマに取り組むべきであるという主旨のアドバイスをアーベルに伝えた．そのテーマというのは楕円関数論で，これがアーベルと楕円関数論との出会いである．代数方程式の解法の探究の途次，ゆくりなく楕円関数論に出会ったのである．デゲンはハンステン宛の手紙の中でそのように書いたのだが，その手紙の日付は1821年5月21日である．アーベルの生誕日は1802年8月5日であるから，この時点ではまだ満18歳にすぎなかった．

5次の代数方程式を解くというテーマは数学者たちの共通の関心事だったのかどうか，あらためて考えてみるのは必要なことかもしれない．オイラーははっきりと関心を寄せていて，現に3次と4次の代数方程式の解法を試みて成功した．ホルンボエといっしょにオイラーを読んだというアーベルのことであるから，オイラーの著作『代数学完全入門』(1770年)などにも親しんだことであろう．オイラーの代数方程式研究を知っていたことは十分に考えられる．また，ラグランジュの論文「方程式の代数的解法の省察」(1770-71年)は代数方程式論の古典中の古典であり，アーベルの時代に数学を学ぶということであれば，オイラーとラグランジュは大きな柱であったから，アーベルもまたおそらく「省察」を読ん

だであろうとは当然考えられるところである．ラグランジュはこの長篇において，オイラーはもとより，カルダノの時代のイタリアの数学者シピオーネ・デル・フェッロ，タルタリア，フェラリや，次の時代のデカルト，ベズー，チルンハウスなど，代数方程式の解法を企図する試みの数々を次々と紹介するとともに，代数方程式を代数的に解くとはいかなることかという，もっとも根源的な問いを提示して考察を行った．代数方程式の解法が大きな問題として数学者たちの眼前にあったのはまちがいなく，若い日のアーベルはこの連綿と続く難問に敢然と立ち向かったのであろう．

「不可能の証明」

　ラグランジュとガウスはアーベルの代数方程式論研究に直截的な影響を及ぼしたが，影響の具体相はまったく異なっている．ラグランジュは高次の代数方程式の代数的可解性を信じていたようで，チルンハウスが提案した「チルンハウス変換」やみずから提案した「ラグランジュの分解式」に活路を見いだそうとしたが，「根の置換」に着目したこともよく知られている．「根の置換」の考察はガロアの代数方程式論において本質的な役割を演じ，アーベルの理論の場にも顔を出し，後年の置換群論や抽象的な群の理論の建設を誘発した．だが，アーベルの理論における役割はどこまでも副次的である．ラグランジュのアーベルへの影響ということを考えるのであれば，ラグランジュが「代数的解法とは何か」という根本的な問いを問うたという，その一事に思いを凝らすべきであろう．なぜなら，この問いに寄せる考察がなければ,「不可能の証明」，すなわち「5次以上の一般代数方程式を代数的に解くのは不可能であることの証明」はありえないからである．ラグランジュの「省察」以前，代数的解法の発見をめざした数学者たちの試み

が実を結ばなかったのも，この考察が欠如していたためである．

　ラグランジュがアーベルに対していわば形而上的な影響を及ぼしたのに比して，ガウスの影響ははるかに具象的である．何よりもまず，代数的解法を追い求めていたアーベルの心が「不可能の証明」へと大きく転換する契機になったのは，ガウスの言葉である．ガウスの学位論文「1個の変化量のすべての整有理代数関数は，1次または2次のいくつかの実因子に分解可能であるという定理の新しい証明」(1799年)のテーマは「代数学の基本定理」の証明だが，ガウスはそこで高次代数方程式の代数的解法に言及し，そのようなことはとうてい不可能だという口吻を書き留めた．はたして代数方程式論に心を寄せ始めた10代後半のアーベルにガウスの学位論文を見る機会があったのかどうか，そこまではわからないが，ガウスの著作『アリトメチカ研究』(1801年)を読んだのはまちがいない．しかもこの作品の第7章の円周等分方程式論には，5次方程式を代数的に解くのは不可能であろうというガウスの確信が明記されているのである．アーベルはそれまでは解けると思って解法を探索していたが，ガウスに触発されて方針を転換し，「不可能の証明」に向かうことになった．

　実際に「不可能の証明」を遂行するにはどうしたらよいのであろうか．ガウスは具体的な手順は語らなかったが，アーベルはガウスにもガロアにも見られない独自のアイデアに基づいて歩を進めていった．それは「代数的可解方程式の根の形状の一般形」を決定しようとするアイデアである．もし一般5次方程式が代数的に解けるとするなら，その根はこのような形でなければならないとアーベルは思索を進め，根の表示式を書き表した．その式の姿を観察すれば，おのずと矛盾に逢着するというのが，アーベルの証明の道筋である．

アーベル方程式

　カルダノが著作『アルス・マグナ（偉大なる技術）』を刊行し，3次と4次の方程式の解法を紹介したのは1545年のことであった．「不可能の証明」を叙述するアーベルの論文が「クレルレの数学誌」に掲載されたのは1826年であるから，この間，実に281年という歳月が流れたのである．

　長い歴史をもつ代数方程式の理論は「不可能の証明」の出現とともに大きな節目を迎えたが，ひとつの問題の解決はおのずともうひとつの問題を誘う．5次以上の一般代数方程式を代数的に解くのは不可能ではあるが，一般方程式でなければ，換言すると，特殊な方程式であれば，次数がどれほど高くとも代数的解法を許容するものもまた確かに存在する．そのような方程式の具体例として，ガウスは円周等分方程式を挙げたが，ではなぜ円周等分方程式は代数的に解けるのであろうか．代数的に解ける方程式と解けない方程式の間の根本的な差異はどのようなところに現れているのであろうか．「不可能の証明」の確立に随伴して必然的に浮上する問いだが，解答のヒントはガウスが円周等分方程式を解いた方法の中にはっきりと示されている．代数的可解性を左右する根本的要因は何か．それは根の相互関係であるというのがガウスの認識であり，ガウスは円周等分方程式の代数的可解性の根拠を「円周等分方程式は巡回方程式である」という事実の中にみいだしたである．アーベルの慧眼はこれも洞察してガウスと認識を共有し，「アーベル方程式」の概念を提示して，「アーベル方程式は代数的に解ける」という事実を確立した．アーベル方程式は後年の類体論と連携し，西欧近代の数学史において重い意味を担うことになる概念である．

　円周等分方程式の本性は指数関数の等分方程式である．巡回

方程式の概念が指数関数の等分理論から取り出されたように，アーベルはアーベル方程式の概念を楕円関数の等分理論から抽出した．それゆえ，アーベル方程式を語るのにもっとも相応しい場は楕円関数論である．本書からあまり時を置かずにアーベルの楕円関数論を論じ，アーベル方程式の概念がどのように結晶したか，その道筋をアーベルとともに観察したいと思う．アーベルの代数方程式論の世界は，その日を俟ってはじめて真に俯瞰しえたと言えるのである．

平成 26 年 4 月 30 日

高瀬正仁

目　次

はじめに ——回想のアーベル—— ……………………………………… i

1. ラグランジュの代数方程式論 (1) 3次方程式 ……………… 1
   「代数的なるもの」をめぐって ………………………………… 2
   二つの代数方程式論　定解析と不定解析 ……………………… 3
   根の公式の探究 …………………………………………………… 5
   代数方程式論の諸問題 …………………………………………… 7
   3次方程式と4次方程式 ………………………………………… 9
   3次方程式　シピオーネ・デル・フェッロとタルタリアのアイデア
   ………………………………………………………………………… 11
   シピオーネ・デル・フェッロとタルタリアの解法 …………… 13
   3次方程式と還元方程式 ………………………………………… 16
   ラグランジュの分解式 …………………………………………… 19
   還元方程式の直接的構成 ………………………………………… 21
   チルンハウスの解法 ……………………………………………… 26
   チルンハウスの解法の省察 ……………………………………… 29
   ベズーの解法とオイラーの解法 ………………………………… 31
   ベズーの解法とオイラーの解法の省察 ………………………… 33
   3次方程式の種々の解法の根底にあるもの …………………… 35

2. ラグランジュの代数方程式論 (2) 4次方程式 ……………… 37
   4次方程式　フェラリの解法の原型 …………………………… 38
   一般型の4次方程式　フェラリの解法の原型(続) …………… 41
   フェラリの解法に寄せるラグランジュの省察 ………………… 43
   還元方程式の構成 ………………………………………………… 45
   還元方程式を経由して4次方程式を解く ……………………… 47

高次方程式の代数的可解性をめぐって ……………………… 50

3. 円周等分方程式 …………………………………………………… 51
　　ド・モアブルの円周等分方程式論 …………………………… 52
　　低次数の円周等分方程式の解法 ……………………………… 54
　　ド・モアブルの円周等分方程式論に寄せるラグランジュの省察 · 56
　　根の相互関係への着目 ………………………………………… 58
　　巡回方程式 ……………………………………………………… 60
　　19次の円周等分方程式の代数的解法 ……………………… 63
　　円周等分方程式の解法
　　　　　　　(1)補助方程式の系列の構成 ……………………… 69
　　代数的解法とは何か　ガウスの代数方程式論 ……………… 71
　　「解ける」から「解けないへ」　ガウスの代数方程式論(続) ……… 74
　　円周等分方程式の代数的解法
　　　　　　　(2)補助方程式を純粋方程式に還元する ………… 77
　　代数方程式論の二つの基本問題 ……………………………… 79
　　円周等分方程式論と整数論 …………………………………… 81
　　ラグランジュとガウス　二通の手紙 ………………………… 83
　　代数的可解性の基本原理をめぐって ………………………… 85

4. ニールス・ヘンリック・アーベル ……………………………… 89
　　数学のきづな …………………………………………………… 90
　　アーベルとガウス ……………………………………………… 92
　　高木貞治の著作『近世数学史談』とアーベル ……………… 94
　　クレルレの数学誌 ……………………………………………… 96
　　アーベル研究の基本文献 ……………………………………… 98
　　クリスチャニア聖堂学校 ……………………………………… 101
　　ホルンボエと聖堂学校 ………………………………………… 103
　　大学入試(第一試験)と哲学試験(第二試験) ………………… 105

5次方程式の根の公式の発見を確信する ……………… 109
楕円関数論の大洋に通じるマゼラン海峡 …………… 112
アーベルの最初の論文 …………………………………… 114
ノルウェーの「自然科学誌」 …………………………… 116
デンマークへの旅の計画 ………………………………… 117
コペンハーゲンからの手紙 ……………………………… 118
楕円積分の逆関数のアイデアをつかむ ……………… 120
「不可能の証明」の二論文 ……………………………… 122
ガウスがアーベルを無視した理由の考察(その1)
　　　　　　　　　　　　　論文の表題を嫌う ……… 124
ガウスがアーベルを無視した理由の考察(その2)
　　　　　　　　　　　　　証明の仕方を嫌う ……… 126
ガウスがアーベルを無視した理由の考察(その3)
　　　　　　　　ガウスとルジャンドルの関係の考察 ……… 127
ガウスがアーベルを無視した理由の考察(その4)
　　　　　　　　ガウスに及ぼされたルジャンドルの影響 ……… 130
ガウスがアーベルを無視した理由の考察(その5)
　　　　　　　　　　　「不可能の証明」を軽視する ……… 132
「根の公式」の探索から「不可能の証明」へ ………… 134

5. アーベルの大旅行 ……………………………………… 137
パリに向かう …………………………………………… 138
クレルレとの会話 ……………………………………… 140
ゲッチンゲンを思う …………………………………… 142
大旅行の続き …………………………………………… 143
イタリアの旅を経てパリに向かう …………………… 145
パリの日々の始まり …………………………………… 146
パリからの便り ………………………………………… 148
パリの数学者たち ……………………………………… 150

  ルジューヌ・ディリクレとの出会い ……………………… *152*
  コーシーのうわさ話 ………………………………………… *153*
  ルサージュの小説に親しむ ………………………………… *155*
  「パリの論文」 ………………………………………………… *157*
  代数的に解けるすべての方程式の探索 …………………… *159*
  「不可能の証明」を越えて …………………………………… *160*

6. 「不可能の証明」 …………………………………………… *165*
  パオロ・ルフィニを知る …………………………………… *166*
  パオロ・ルフィニ …………………………………………… *167*
  アーベルの成功とルフィニの失敗 ………………………… *169*
  「不可能の証明」……………………………………………… *172*
  四つの断片 …………………………………………………… *175*
  二つの遺稿 …………………………………………………… *178*
  三つの代数的表示式 ………………………………………… *183*
  アーベル方程式の構成問題への道 ………………………… *186*

あとがき ——「根」と「解」をめぐって ……………………… *189*
人名表 ……………………………………………………………… *193*
参考文献 …………………………………………………………… *196*
索引 ………………………………………………………………… *197*

xi

1

ラグランジュの
代数方程式論
── 3次方程式

1. ラグランジュの代数方程式論 —— 3次方程式

「代数的なるもの」をめぐって

　ヨーロッパの数学の歴史の流れを回想すると,「代数的なるもの」への着目という思考様式にここかしこで遭遇し,どうしてなのだろうと,不可解な感情に襲われることがある.古いギリシアで提案された幾何学的作図問題[1]なども,「代数的なるもの」への関心のあらわれの仲間に数えられるであろう.この問題との関連のもとでディオクレスのシソイド（立方体の倍積問題を解くために発見された）やニコメデスのコンコイド（この曲線の発見の契機になったのも立方体倍積問題である.角の三等分にも使われる）のような特殊な曲線に対して深い関心が寄せられたが,これらはいずれも代数曲線である.17世紀にさしかかると,古代への憧憬に誘われて,デカルトの葉やレムニスケートなど,おおむね60種類ほどの曲線が次々と提案されて諸性質が究明されるようになった.これらの曲線もまたたいていの場合,代数的であった.

　「代数的なるもの」が代数的でありうるためには,「代数的ではないもの」の存在が要請されるであろう.ヨーロッパ近代の数学では「代数的ではないもの」は「超越的なるもの」と総称されたが,円周率やアルキメデスの螺旋に象徴されるように,古いギリシアにも超越性のきざしはすでに芽生えていた.近代の数学にも対数曲線や正弦曲線,それにサイクロイドのような超越曲線がわず

---

[1] 幾何学的作図問題　直線と円のみを用いる作図問題
　(1) 角の三等分
　(2) 立方体の倍積問題,すなわち,立方体が与えられたとき,その二倍の体積をもつ立方体を作る問題
　(3) 円積問題,すなわち,円が与えられたとき,その円と面積の等しい正方形を作る問題.

かに見られるが，それらは代数的ではないという理由によりひときわ特異な位置を占め，珍重されたのである．

二つの代数方程式論　定解析と不定解析

近代の整数論の端緒を開いたのはフェルマだが，そのフェルマに深遠な影響を及ぼしたのは，3世紀のギリシアの数学者ディオファントスの著作と伝えられる『アリトメチカ』という書物であった．そこに見られるのは，さまざまなタイプの代数方程式の解法の工夫の数々である．2次方程式の解法が試みられ，わずかに一例ではあるが3次方程式も顔を見せ，簡単な連立方程式なども登場するが，わけても異彩を放つのは一群の不定方程式であり，整数もしくは有理数の範囲で解の探索が試みられている．試みにオイラーの著作『代数学への完璧な入門』(全二巻．以下『代数学』と略称する)を概観すると，この書物は前篇と後篇の二部で編成され，前篇のテーマは「定解析」，後篇のテーマは「不定解析」である．この編成はディオファントスに内包される方程式の型を二種類に分けて成立したのである．

不定解析というのは今日の不定方程式論のことで，これについては特に説明を要しないと思う．では「定解析」とは何かというと，オイラーの『代数学』の前篇の到達点は3次と4次の代数方程式の解法理論である．オイラーが自分で「定解析」「不定解析」という言葉を使っているわけではないが，数学の内容を観察するとたしかにそのように構成され，前半が定解析，後半が不定解析にあてられている．1774年になって，ヨハン・ベルヌーイ(Ⅲ)(三番目のヨハン．祖父は一番目のヨハンで，オイラーの数学の

1. ラグランジュの代数方程式論 ―― 3次方程式

師匠のヨハン・ベルヌーイ（I））の手で『代数学』のフランス語訳（全二巻）が作成され，刊行されたが，このとき第一巻には「定解析」，第二巻には「不定解析」という副題が採用された．

このフランス語訳の出版にあたり，ラグランジュが特に筆をとり，第二巻のために「不定解析への附記」を書くという出来事があった．「附記」とはいいながら単なる補足や註釈のたぐいではなく，当時の不定解析の水準を再現する堂々たる大長篇であり，オイラー全集にもラグランジュ全集にも収録されている．オイラーの全集にラグランジュの論説が掲載されるというのはいくぶん奇妙な感じがあるが，オイラー全集を構成する諸巻のうち，一番はじめに刊行された巻，すなわち第一系列の巻1は全体が『代数学』にあてられていて，その末尾にラグランジュの論文が（フランス語の原文のまま）収録されたのである．

一般に一個の未知数をもつ代数方程式の根の探索は定解析の守備範囲である．オイラーの『代数学』の前篇「定解析」の到達点は3次と4次の代数方程式の解法が紹介されたところで終結した．ここから先には次数が4を越える高次方程式の解法の探究が続くことになるが，後年のガウスやアーベルの知見によれば，代数的な手法に限定する限り，これは不可能事なのであるから，オイラーといえども成功することはありえなかった．だが，種々の試みが重ねられていく中で，代数方程式の解法理論の本質に向けて洞察が深められていった．後篇の「不定解析」では，さまざまな次数の不定方程式の整数域もしくは有理数域における解の探索が試みられている．オイラーのいう不定解析はディオファントス解析と呼ばれることもあるが，これはディオファントスを創始者と見て敬意を払ったのである．今日では不定方程式論という即物的な用語が流布している．

ディオファントスの『アリトメチカ』は，フェルマからオイラー，ラグランジュへと続く不定方程式論の揺籃になったが，ヨーロッパの数論にはガウスに始まり，ガウスを継承して生成されたもうひとつの数論の系譜が存在する．この流れは100年余の歳月を経て代数的整数論と呼ばれる新たな数論へと結実したが，この段階になると「代数的」ということの意味合いがひときわ明確さを増してくるように思う．代数的整数論はオイラーのいう定解析の思索の蓄積を土台として，その上に構築されたのである．フェルマとガウスに始まる二つの数論，すなわち不定方程式論と代数的整数論の根底には，オイラーのいう二つの解析，すなわち不定解析と定解析が広がっている．

根の公式の探究

　代数方程式の解法は方程式の次数が2を越えると格段にむずかしくなる．シピオーネ・デル・フェッロ，フェラリ，タルタリアというイタリアの代数学者たちの手で，3次と4次の代数方程式を代数的に解く道筋が明るみに出されたのは，ようやく16世紀になってからのことであった．その後，17世紀，18世紀と，長い年月にわたって，次数が4を越える代数方程式の根の公式を追い求めた人たちが連綿と追随した．オイラーもまた真剣な取組みを続けたが，2次方程式の根の公式のような公式，すなわち一般代数方程式の根を係数のみを用いて代数的に表示する式はそもそも存在しないのであるから，いかなる試みも実を結ばなかった．その代わり，このような試みを通じて3次と4次の方程式を解く新たな道筋がいくつも発見された．

1. ラグランジュの代数方程式論 —— 3次方程式

　オイラーの次の世代のラグランジュになると反省の気運が一気に高まったようで，周知の2次，3次，4次の代数方程式はどうして解けるのだろうかと，形而上的な問いを問うまでになった．長年にわたって5次以上の代数方程式の根の公式を探求しても，見つかりそうな気配はさっぱり現れなかった．そこでラグランジュはそもそも解の公式とは何かという，事の本質に触れる省察に向かったのである．

　代数方程式論に寄せるラグランジュの省察は，「方程式の代数的解法に寄せる省察」(以下，「省察」と略称する)という論文において表明された．この論文は1770年と1771年のベルリン王立科学文芸アカデミー新紀要に二回に分けて掲載された(実際の刊行年はそれぞれ二年ずつずれて，1772年と1773年になった．前半は134頁から215頁まで82頁，後半は138頁から253頁まで116頁．全部で198頁という雄大な作品だが，1770年といえばオイラーの『代数学』が刊行された年でもある．

　オイラーの『代数学』が刊行される少し前から，ラグランジュは不定解析の論文を書き始め，ペルの方程式を解いたりしているが，そこには明らかにオイラーの影響が認められるように思う．連分数の理論を適用して数値方程式を解こうとしたのもこの時期であり，あれこれを勘案すると，ラグランジュが「定解析」に関心を寄せて「省察」の執筆にいたった背景には，不定解析と同様，やはりオイラーの影響があったのではないかと考えられるのである．ラグランジュの「省察」と「附記」は合せてひとつの「ラグランジュの代数学」を構成していると考えるのが自然である．

　だが，代数方程式の解法に寄せるラグランジュの思索の結末は必ずしも判然としなかった．2次方程式の解法は容易である．3次と4次の代数方程式の根の公式の導出はむずかしいが，ラグ

ランジュ以前にいく通りも知られていた．ラグランジュはそれらのひとつひとつについて，導出のからくりを説明することに成功したが，次数が4を越えて5次方程式を相手にすると状勢は茫漠としてしまい，根の公式はありやなしや，あるとしてもないとしてもどのような理由によるものなのか，ラグランジュの省察は延々と進展していくものの，具体的に明らかになったことは何もないというありさまであった．

　ラグランジュの省察が空転気味になってしまったのは，そもそも根の公式は存在しないという事実に起因するが，ラグランジュの次の世代のガウスに移るとこのあたりの消息はだいぶ浸透していたようで，ガウスは当初から根の公式の存在に疑念を抱いていた．アーベルもガロアもこの点はガウスと同じである．ガウスの影響を大きく受けて，ガウスと同一の地平に立つことができたのである．

代数方程式論の諸問題

　ラグランジュの「省察」の冒頭に配置された前書きに目を通したいと思う．

　　方程式の理論は，その重要性と第一級の創造者たちがこの領域で行った進歩の急速さのゆえに，解析学のあらゆる分野の中でももっとも大きな完成度を獲得するのが当然であると信じられたものであった．だが，その後に現れた幾何学者たちがこの領域に専念し続けたにもかかわらず，彼らの努力は望みうるだけの成功をおさめるというにははるかに遠かった．実を言うと，方程式，方程式の変換，2個も

1. ラグランジュの代数方程式論 ── 3次方程式

しくはいくつかの根が等しくなるための，あるいはまたそれらの根が相互に与えられた関係式を満たすための必要条件の性質，それらの根をみつける方法等々に関する事柄は，ほとんどすべて汲み尽くされたのである．また，ある方程式の根がことごとくみな実であるか否かを見分けて，すべての根が実の場合には，正負の根がどれだけあるのかを知るための一般規則も発見された．しかし，今日にいたるまで，方程式の虚根の個数を知るためのいかなる一般規則も知られていないし，実根と虚根の個数が知られたときに，正の実根と負の実根がどれだけ存在するのかを知るための一般規則も得られていない．提示された任意の方程式がいくつかの実根をもつか否かを保証する規則さえも，その方程式の次数が奇数でなければ，あるいはその一番最後の項が負でなければ得られていない．

ここに列挙されたのは代数方程式にまつわる諸問題である．解の公式を見つけることだけが問題なのではなく，ラグランジュの眼前には代数方程式論に所属するさまざまな側面が広がっていたことが諒解されるであろう．

ラグランジュの言葉が続く．提示された代数方程式が虚根をもつ場合，虚根の個数や正負の実根の個数を識別する一般規則は知られていないと，ここまでのところでラグランジュは語った．ただし，一般規則は未知としても，係数が具体的な数値として与えられているなら話は別で，その場合には虚根と正負の実根の個数が判明する．そのためには各々の根の近似値を望むだけ高い精度で求めることができればよく，ラグランジュはすでにその方法を与えたと述べている．しかし，とラグランジュはまた言葉を

あらためて,「ここでは文字方程式を問題にしているのだ」ときっぱりと(そういう印象を受ける)言い切った．文字方程式というのは,係数が数値ではなく文字で指定されている方程式のことを意味している．一般方程式といっても同じである．

3次方程式と4次方程式

はじめに回想されるのは,3次と4次の代数方程式の代数的解法の発見にいたる経緯である．次に引くのは,3次方程式の根を表示する「カルダノの公式」などが語られる場面である．

> 文字方程式の解法に関していうと,カルダノの時代まではほとんど進展が見られなかった．カルダノは3次と4次の方程式の解法を公表した一番はじめの人である．このテーマでのイタリアの解析学者たちの最初の成功は,この領域で遂行可能な発見のうちの一番最後のものだったと思われる．少なくとも,代数学のこの領域の限界を押し広げようとして今日までになされたあらゆる試みは,3次と4次の方程式に対する新しい方法を見つけるのに役立っただけにすぎないことは確かである．それらの方法のどれも,一般に,いっそう高い次数の方程式には適用できないのである．

回想に続いてラグランジュのねらいが表明される．

> わたしはこの論文において,方程式の代数的解法に関して今日までに見いだされたさまざまな方法を調べ,それらを

1. ラグランジュの代数方程式論 ── 3次方程式

　一般原理に帰着させて，なぜこれらの方法は3次と4次の方程式に対しては成功し，もっと高い次数の方程式に対してはうまくいかないのかということを，アプリオリにわかるようにしたいと思う．

　3次と4次の代数方程式の解の公式についてはいろいろな導き方が知られていたが，ラグランジュは「どうして解けたのか」と問い，さまざまな道筋の根柢にあるものを明らかにしようと試みた．このような問いが成立するのは，それまでに多くの人々の手で積み重ねられた究明の蓄積があるからである．ラグランジュの真のねらいが5次以上の方程式の解の公式の有無の判定にあったことはまちがいないとしても，このような「省察」がなされたということは何を意味するのであろうか．ラグランジュの心には，「もしかしたら存在しないかもしれない」という予感が芽生えていたのかもしれず，存在を疑うからこそ，省察の気運が現れたのであろうという想定はもとより可能である．あるいはまた，ラグランジュは依然として代数的可解性を確信していたのかもしれない．従来の工夫では解けそうもないが，その理由を追求し，代数的可解性の根源を解明し，まったく新しい解法を見いだそうとしたのではないかという想定も可能である．ラグランジュの論文「省察」は長大な作品だが，ラグランジュの真意は必ずしも判然としないのである．

　序言の最後は次のように結ばれている．

　　この研究には二重の利点がある．一方では，3次と4次の方程式の既知の解法に，はるかに多くの光を注ぐのに役立つであろう．他方では，いっそう高い次数の方程式の解法

を究明したいと欲する人々にとって，その目的のためにさまざまな展望を与えてくれるし，わけてもはなはだ大量の無益な歩みと試みを免れさせてくれるという理由により，有用であろう．

　ラグランジュの長篇「省察」は実におもしろい作品で，少なくとも前半に限っていえば，論証を追っていくのに特にむずかしいところはなく，すらすらと先に進んでいく．ただし，ラグランジュのいう「省察」の度合いの深いことは尋常ではない．3次と4次の方程式の既知の解法を紹介したうえで考察がなされるが，そのあたり消息は非常に深遠である．敷居は低いが，奥行きはいかにも広々としていて限界がないという印象が伴うのである．このような傾向は数学のどの分野でも「一番はじめに創造した人」の作品に一般に観察されることで，オイラーの作品もガウスの作品もみなそのように書かれている．

3次方程式

シピオーネ・デル・フェッロとタルタリアのアイデア

　次に挙げるのは「省察」の目次である．

　「省察」第一部の目次
　第一部　3次方程式の解法
　シピオーネ・デル・フェッロとタルタリアの解法
　6次方程式への還元
　6次の還元方程式の根を，提示された方程式の根を用いて表

1. ラグランジュの代数方程式論 ── 3次方程式

　　示すこと
　　還元方程式が6次になる理由の解明
　　提示された方程式の3根を a, b, c として，還元方程式の根は a, b, c の一次式で表されると仮定する．そのようにして還元方程式をみいだすこと．その還元方程式はタルタリアの解法に現れる還元方程式と一致することの確認．
　　チルンハウスの解法
　　チルンハウスの解法の基本原理
　　$x' + ax'' + a^2 x'''$ と $(x' + ax'' + a^2 x''')^2$
　　方程式 $x^n - 1 = 0$

　まずはじめに再現されるのは「シピオーネ・デル・フェッロとタルタリアの解法」である．シピオーネ・デル・フェッロとタルタリアはともにイタリアの数学者で，3次方程式の解法にそれぞれ独自に到達したと伝えられているが，彼らの解法はカルダノという，同じイタリアの数学者(実際には複雑な側面を合わせ持った人物だったようで，単に数学者と呼ぶのは相応しくない)が『アルス・マグナ』(1545年)という著作の中で紹介したことにより，3次方程式の解法は一般に「カルダノの規則」と呼ばれるようになった．多少の複雑さを厭わないなら，根を表示する代数的な式を書き下すことも可能だが，その式は「カルダノの公式」と呼ばれることもある．

　『アルス・マグナ』という書名はラテン語による表記であり，「偉大なる技術」というほどの意味の言葉である[2]．

---

[2] Ars magna, sive de regulis algebraicis（大技術，あるいは代数学の法則について）

ラグランジュは言う.

　文字方程式の解法についていうと，カルダノの時代までほとんど進歩が見られなかった．カルダノは3次と4次の方程式の解法を公表した一番はじめの人物である．このテーマにおけるイタリアの解析学者たちの最初の成功は，この領域で行うことのできる発見の最後のものであったように思う．少なくとも，代数学のこの領域の限界を押し広げようとして今日までに行われたあらゆる試みは，3次と4次の方程式に対する新しい方法を見い出すのに役立ったにすぎないのは確かである．

3次と4次の方程式の解法はいくつも知られているが，それらの方法のどれも，一般に，4次よりも高い次数の方程式には適用できない．そこでラグランジュはこの論文において，「方程式の代数的解法に関して今日までに見い出されたさまざまな方法を調べ，それらを一般原理に帰着させ，**なぜ**これらの方法は3次と4次の方程式に対しては成功し，より高次の方程式に対してはうまくいかないのかということがアプリオリに諒解されるようにしたいと思う」というのである．

シピオーネ・デル・フェッロとタルタリアの解法

　ラグランジュとともにシピオーネ・デル・フェッロとタルタリアの解法を回想しよう．シピオーネ・デル・フェッロとタルタリアが解法を得た道筋はわからないが，ヒュッデ(Hudde)による推定

1. ラグランジュの代数方程式論 ── 3次方程式

が知られている．ラグランジュはヒュデに賛同し，ヒュデが想像した方法がもっとも自然な方法と思われると明言した．それは，方程式の根を2個の未知数の和の形に表示し，方程式を適当な二つの部分に分け，その2個の未知数が依存する方程式が2次方程式を解くのと同じ様式で解けるようにする，という方法である．

3次方程式の一般形

$$x^3 + mx^2 + nx + p = 0$$

から出発するが，$y = x + \frac{m}{3}$ と置いて新しい未知数 y を導入すると，y が満たすべき方程式は $y^3 + \frac{1}{3}(-m^2 + 3n)y + \frac{2m^3}{27} - \frac{nm}{3} + p = 0$ という形になり，y^2 の項が消失する．そこではじめから，

$$x^3 + nx + p = 0$$

という形の3次方程式の解法を試みることにする．ヒュデが推定したシピオーネ・デル・フェッロとタルタリアの解法のアイデアに基づいて，新たに2個の未知数 y, z を導入して $x = y + z$ と置こう．これを提示された方程式に代入すると，

$$y^3 + z^3 + p + (y+z)(3yz + n) = 0$$

という形の方程式が得られる．そこで連立方程式

$$y^3 + z^3 + p = 0$$
$$3yz + n = 0$$

を設定すると，後者の方程式から $z = -\frac{n}{3y}$．これを前者の方程式に代入すると，

$$y^3 - \frac{n^3}{27y^3} + p = 0$$

すなわち

$$y^6 + py^3 - \frac{n^3}{27} = 0$$

という方程式が得られる．これは**還元方程式**と呼ばれる方程式である．還元方程式の次数は6だが，y^3に関する方程式と見ると2次であるから，2次方程式のように解いて，

$$y^3 = -\frac{p}{2} \pm \sqrt{\frac{p^2}{4} + \frac{n^3}{27}}$$

という表示が得られる．これより，

$$y = \sqrt[3]{-\frac{p}{2} \pm \sqrt{\frac{p^2}{4} + \frac{n^3}{27}}}$$

となり，yの値が得られる．これでzの値もまた得られるから，加えると，提示された3次方程式の根xの値

$$x = y + z = y - \frac{n}{3y}$$

が得られる．これがシピオーネ・デル・フェッロとタルタリアの解法である．3次方程式を解くために未知数をわざわざ2個に増やし，しかも6次方程式を経由して解の表示に到達するという，おもしろい解法である．

もう少し具体的な根の表示を手に入れるために，方程式$x^3 - 1 = 0$の三根を$1, \alpha, \beta$とすると，yの6個の値は，$\frac{p^2}{4} + \frac{n^3}{27} = q$と置くとき，

$$\sqrt[3]{-\frac{p}{2} \pm \sqrt{q}}, \quad \alpha\sqrt[3]{-\frac{p}{2} \pm \sqrt{q}}, \quad \beta\sqrt[3]{-\frac{p}{2} \pm \sqrt{q}}$$

と表示される．これにより，$z = -\frac{n}{3y}$の対応する値もまた導かれる．すなわち，

$$\sqrt[3]{-\frac{p}{2}\pm\sqrt{q}}\cdot\sqrt[3]{-\frac{p}{2}\mp\sqrt{q}}=\sqrt[3]{\frac{p^2}{4}-q}=-\frac{n}{3}$$

となるから,

$$\sqrt[3]{-\frac{p}{2}\mp\sqrt{q}}=-\frac{n}{3\sqrt[3]{-\frac{p}{2}\mp\sqrt{q}}}$$

となる.したがって,z の値は

$$\sqrt[3]{-\frac{p}{2}\mp\sqrt{q}},\quad\frac{1}{\alpha}\sqrt[3]{-\frac{p}{2}\mp\sqrt{q}},\quad\frac{1}{\beta}\sqrt[3]{-\frac{p}{2}\mp\sqrt{q}}$$

と表示される.ここで,$\alpha\beta=1$ であるから,$\dfrac{1}{\alpha}=\beta$,$\dfrac{1}{\beta}=\alpha$.よって,z の3個の値を表示する上記の式は

$$\sqrt[3]{-\frac{p}{2}\mp\sqrt{q}},\quad\beta\sqrt[3]{-\frac{p}{2}\mp\sqrt{q}},\quad\alpha\sqrt[3]{-\frac{p}{2}\mp\sqrt{q}}$$

というふうになる.それゆえ,$x=y+z$ の値の表示式

$$\sqrt[3]{-\frac{p}{2}\pm\sqrt{q}}\ +\ \sqrt[3]{-\frac{p}{2}\mp\sqrt{q}}$$

$$\alpha\sqrt[3]{-\frac{p}{2}\pm\sqrt{q}}\ +\ \beta\sqrt[3]{-\frac{p}{2}\mp\sqrt{q}}$$

$$\beta\sqrt[3]{-\frac{p}{2}\pm\sqrt{q}}\ +\ \alpha\sqrt[3]{-\frac{p}{2}\mp\sqrt{q}}$$

が得られる.ここで,$\sqrt{q}$ の前に附された不定符号は上側のものだけを取るか,もしくは下側のものだけを取ることにする.それぞれの場合に x の値が3個ずつ得られるが,それらは全体として同一である.

3次方程式と還元方程式

これまでのところで,提示された3次方程式の根が還元方程

式の根に依存する様子が判明したが，逆に，還元方程式の根は提示された方程式の根に依存する．その様子を観察するには，すべての係数を備えた3次方程式の一般形
$$x^3+mx^2+nx+p=0$$
を考察するほうがよい．この方程式の3個の根を a, b, c で表そう．

シピオーネ・デル・フェッロとタルタリアによる3次方程式の解法の道筋を回想し，$x=x'-\dfrac{m}{3}$ と置いて新しい未知数 x' を導入すると，x' に関する方程式では第二項が消失し，
$$x'^3+n'x+p'=0$$
という形になる．ここで，表記を簡潔なものにするため，
$$n'=n-\dfrac{m^2}{3}, \quad p'=p-\dfrac{mn}{3}+\dfrac{2m^3}{27}$$
と置いた．提示された方程式をこのような形に変換するのが解法の第一歩であった．

次に，$x'=y-\dfrac{n'}{3y}$ と置くと，還元方程式
$$y^6+p'y^3-\dfrac{n'^3}{27}=0$$
が得られる．これを解くと，
$$-\dfrac{p'}{2}+\sqrt{\dfrac{p'^2}{4}+\dfrac{n'^3}{27}}$$
のひとつの立方根を r で表すとき，y の3個の値
$$y=r, \quad y=\alpha r, \quad y=\beta r$$
が得られる．これらは変換方程式 $x'^3+n'x+p'=0$ の3個の根
$$x'=r-\dfrac{n'}{3r}, \quad x'=\alpha r-\dfrac{n'}{3\alpha r}, \quad x'=\beta r-\dfrac{n'}{3\beta r}$$

1. ラグランジュの代数方程式論 ── 3次方程式

を与える．そうして $x = x' - \dfrac{m}{3}$ であるから，表記を簡潔なものにするため $\dfrac{n'}{3r} = s$ と置くと，x の3個の値

$$-\frac{m}{3}+r-s, \quad -\frac{m}{3}+\alpha r-\frac{s}{\alpha}, \quad -\frac{m}{3}+\beta r-\frac{s}{\beta}$$

が得られる．これらは提示された方程式の3個の根であるから，

$$a=-\frac{m}{3}+r-s, \quad b=-\frac{m}{3}+\alpha r-\frac{s}{\alpha}, \quad c=-\frac{m}{3}+\beta r-\frac{s}{\beta}$$

となる．第一の等式から第二，第三の等式を差し引くと，

$$a-b = (1-\alpha)\left(r+\frac{s}{\alpha}\right)$$

$$a-c = (1-\beta)\left(r+\frac{s}{\beta}\right)$$

となる．ここから，

$$\frac{\alpha(a-b)}{1-\alpha} = \alpha r + s$$

$$\frac{\beta(a-c)}{1-\beta} = \beta r + s$$

が導かれる．第一式から第二式を差し引いて，その後に $\alpha - \beta$ で割ると，

$$r = \frac{\dfrac{\alpha(a-b)}{1-\alpha} - \dfrac{\beta(a-c)}{1-\beta}}{\alpha - \beta}$$

すなわち

$$r = \frac{a}{(1-\alpha)(1-\beta)} + \frac{\alpha b}{(\alpha-1)(\alpha-\beta)} + \frac{\beta c}{(\beta-1)(\beta-\alpha)}$$

となる．

ところで，$x=1$, α, β は方程式 $x^3 - 1 = 0$ の3個の根であるから，$x^3 - 1 = (x-1)(x-\alpha)(x-\beta)$．微分すると，$3x^2 = (x-\alpha)(x-\beta) + (x-1)(x-\beta) + (x-1)(x-\alpha)$．この等式において次々

に $x=1, \alpha, \beta$ と置くと，
$$3 = (1-\alpha)(1-\beta)$$
$$3\alpha^2 = (\alpha-1)(\alpha-\beta)$$
$$3\beta^2 = (\beta-1)(\beta-\alpha)$$
となる．これらの値を上記の r の表示式に代入すると，
$$r = \frac{a}{3} + \frac{b}{3\alpha} + \frac{c}{3\beta}$$
が得られる．あるいは，$\alpha\beta=1$ により，この表示式は
$$r = \frac{a+\beta b+\alpha c}{3}$$
という形になる．これが r の値である．言い換えると，y の値である．形を整えるため，α と β を入れ換えると，
$$y = \frac{a+\alpha b+\beta c}{3} = \frac{a+\alpha b+\alpha^2 c}{3}$$
という表示式が得られる．今日の用語法では，この形の式を指して**ラグランジュの分解式**と呼んでいる．

ラグランジュの分解式，すなわち還元方程式の根は，提示された方程式の根を用いて表示される．この点に着目したのがラグランジュの創意であり，その表示を具体的に実現する際に出現するのがラグランジュの分解式である．

ラグランジュの分解式

3次方程式の還元方程式は6次方程式になり，6個の根をもつが，それらはみなラグランジュの分解式の形に表示される．すなわち，次に挙げる6個の値が還元方程式の根である．

1. ラグランジュの代数方程式論 — 3次方程式

$$\frac{a+\alpha b+\alpha^2 c}{3}$$

$$\frac{a+\alpha c+\alpha^2 b}{3}$$

$$\frac{b+\alpha a+\alpha^2 c}{3}$$

$$\frac{b+\alpha c+\alpha^2 a}{3}$$

$$\frac{c+\alpha b+\alpha^2 a}{3}$$

$$\frac{c+\alpha a+\alpha^2 b}{3}$$

この表示を観察すると，還元方程式の次数が6になる理由がおのずと諒解される．還元方程式は提示された方程式の根 a, b, c に直接依拠しているのではなく，係数 m, n, p に依存するにすぎない．これらの係数は根 a, b, c を用いて表示されるが，それらの表示式はどれも a, b, c に関して対称的であるから，a, b, c の配列を任意に変更しても還元方程式の形は不変である．それゆえ，ラグランジュの分解式

$$y=\frac{a+\alpha b+\beta c}{3}=\frac{a+\alpha b+\alpha^2 c}{3}$$

において a, b, c を任意に置き換えて得られるさまざまな値はみな還元方程式の根であることがわかる．そうして3個のものを配列して生じる相異なる順列の個数は $3\cdot 2\cdot 1=6$ であるから，3個の根 a, b, c の配列を自由に変えるときにラグランジュの分解式が受け入れる値の個数は6である．これが，還元方程式が6次方程式になる理由である．

還元方程式が y^3 に関して2次の方程式になる理由も自然に諒解される．実際，上記の6個の値のうち，一番はじめの値に α

と $\beta=\alpha^2$ を乗じ，$\alpha^3=1$ に留意して計算を進めると，2個の値

$$\frac{c+\alpha a+\alpha^2 b}{3}, \quad \frac{b+\alpha c+\alpha^2 a}{3}$$

が生じるが，これらは第6番目と第4番目の値である．同様に，第二の値に α と $\beta=\alpha^2$ を乗じれば，2個の値

$$\frac{b+\alpha a+\alpha^2 c}{3}, \quad \frac{c+\alpha b+\alpha^2 a}{3}$$

が生じるが，これらは第3番目と第5番目の値である．したがって，第1の値と第2の値をそれぞれ r, s とすると，還元方程式の6個の根は $r, \alpha r, \alpha^2 r, s, \alpha s, \alpha^2 s$ と表示される．それゆえ，還元方程式は

$$\begin{aligned}&(y-r)(y-\alpha r)(y-\alpha^2 r)(y-s)(y-\alpha s)(y-\alpha^2 s)\\&=(y^3-r^3)(y^3-s^3)\\&=y^6-(r^3+s^3)y^3+r^3 s^3\\&=0\end{aligned}$$

と，y^3 に関して2次になる．

一番はじめの値と第2の値の代わりに第3番目と第4番目の値，もしくは第5番目と第6番目の値を採っても同様の議論が進行する．これで還元方程式の次数が6になる理由と y^3 に関して2次になる理由が判明した．

還元方程式の直接的構成

ラグランジュはラグランジュの分解式を考えることによりシピオーネ・デル・フェッロとタルタリアの解法の本質，すなわちどうしてそのようにして解けるのかという理由を解明することに成功した．ラグランジュの解明の本質的な部分は還元方程式の根の

1. ラグランジュの代数方程式論 ── 3次方程式

姿を明示する点に認められるが，逆にラグランジュの分解式から出発すると，3次方程式の解法の根拠となる還元方程式を直接的な仕方で構成することができる．シピオーネ・デル・フェッロとタルタリアの解法では，求めようとする根 x を二つの未知数 y, z の和として $x=y+z$ という形に表示するところから出発し，いくぶん必然性の不明瞭なプロセスを経て還元方程式に到達した．ところがラグランジュの分解式から出発するとおのずと還元方程式に到達し，そこから3次方程式の根が取り出されるのである．ラグランジュのいう「省察」の一語がぴったりあてはまる情景である．

3次方程式 $x^3+mx^2+nx+p=0$ が提示されたとして，その3個の根を a, b, c とする．この3次方程式の還元方程式の根は，一般に a, b, c に依存しない係数 A, B, C をもつ一次式

$$Aa+Bb+Cc$$

で表されると仮定する．3根 a, b, c が受け入れ可能なあらゆる置換を行うと，6個の値

$$Aa+Bb+Cc$$
$$Aa+Bc+Cb$$
$$Ab+Ba+Cc$$
$$Ab+Bc+Ca$$
$$Ac+Bb+Ca$$
$$Ac+Ba+Cb$$

が得られる．これらは還元方程式の6個の根である．

これで還元方程式は6次方程式になることが明らかになった．さらに，この方程式に出現する未知数の冪指数は3の倍数のみに留まるという限定条件を課すと，既述のように，根のひとつ

を r とするとき, αr と $\alpha^2 r$ もまた根でなければならない. そこで r として量 $Aa+Bb+Cc$ を採ると, 量 $\alpha Aa+\alpha Bb+\alpha Cc$ は, 上記の6個の値のうち, 第一番目を除いた残りの5個の量のいずれかに等しいことになる. ところが, $\alpha=1$ ではない限り, 量 $\alpha Aa+\alpha Bb+\alpha Cc$ が量 $Aa+Bc+Cb$ と等しくなることはない. なぜなら, その場合, $\alpha A=A$ となってしまうからである. また, 量 $\alpha Aa+\alpha Bb+\alpha Cc$ は $Ab+Ba+Cc$ と等しくなることもない. なぜなら, その場合には $\alpha C=C$ となってしまうからである. だが, 量 $\alpha Aa+\alpha Bb+\alpha Cc$ が $Ab+Bc+Ca$ と等しくなることはありうる. 実際, この二つの量を等値すると $\alpha A=C$, $\alpha B=A$, $\alpha C=B$ となる. そこで表記を簡明にするために $A=1$ と定めると,

$$A=1, \quad B=\alpha^2, \quad C=\alpha$$

となる. そこで

$$r = a+\alpha b+\alpha^2 c$$
$$s = a+\alpha c+\alpha^2 b$$

と置くと, 還元方程式の6個の根として $r, \alpha r, \alpha^2 r$ と $s, \alpha s, \alpha^2 s$ が得られる.

還元方程式の未知数を y で表そう. 3個の因子 $y-r, y-\alpha r, y-\alpha^2 r$ の積は y^3-r^3 であり, 3個の因子 $y-s, y-\alpha s, y-\alpha^2 s$ の積は y^3-s^3 であるから, これらの6個の因子すべての積, すなわち還元方程式それ自体は

$$y^6-(r^3+s^3)y^3+r^3s^3=0$$

という形になる. そこで和 r^3+s^3 と積 r^3s^3 の値を見つけることができれば, 還元方程式が確定する.

$\alpha^3=1$ に留意して量 r の3乗を作ると,

1. ラグランジュの代数方程式論 — 3次方程式

$$r^3 = a^3 + b^3 + c^3 + 6abc$$
$$+ 3\alpha(a^2b + b^2c + c^2a) + 3\alpha^2(ab^2 + bc^2 + ca^2)$$

b と c を入れ換えると s^3 の値が得られる．すなわち，

$$s^3 = a^3 + b^3 + c^3 + 6abc$$
$$+ 3\alpha(a^2c + c^2b + b^2a) + 3\alpha^2(c^2a + b^2c + a^2b)$$

となる．表記の簡潔さをはかって，

$$a^3 + b^3 + c^3 + 6abc = L$$
$$a^2b + b^2c + c^2a = M$$
$$a^2c + b^2a + c^2b = N$$

と置くと，

$$r^3 = L + 3\alpha M + 3\alpha^2 N$$
$$s^3 = L + 3\alpha N + 3\alpha^2 M$$

となる．それゆえ，

$$r^3 + s^3 = 2L - 3(M+N).$$

次に，r^3 と s^3 の積を作ると，

$$r^3 s^3 = L^2 + 9(M^2 + N^2) + 3(\alpha + \alpha^2)[L(M+N) + 3MN].$$

$\alpha + \alpha^2 = -1$ に留意してこれを書き直すと，

$$r^3 s^3 = L[L - 3(M+N)] + 9[(M+N)^2 - 3MN]$$

となる．3個の量 $L, M+N, MN$ は提示された3次方程式 $x^3 + mx^2 + nx + p = 0$ の根 a, b, c の対称式であるから，係数 m, n, p を用いて有理的に，言い換えると冪根を取ることなく表示される．実際，計算を遂行すると，

$$L = -m^3 + 3mn - 9p$$
$$M + N = 3p - mn$$
$$MN = n^3 + p(m^3 - 6mn) + 9p^2$$

となる．これより，

$$r^3+s^3=-2m^3+9mn-27p,$$
$$r^3s^3=m^6-9m^4n+27m^2n^2-27n^3=(m^2-3n)^3.$$

こうして還元方程式

$$y^6+(2m^3-9mn+27p)y^3+(m^2-3n)^3=0$$

が得られるが，これは前にシピオーネ・デル・フェッロとタルタリアの解法の際に遭遇した還元方程式と同一である（未知数 y が前の還元方程式の未知数の3倍になっている点だけが異なっている）．

還元方程式は2次方程式を解くのと同じ様式で解ける．そこで $y^3=z$ と置いて2次方程式 $z^2+(2m^3-9mn+27p)z+(m^2-3n)^3=0$ を作り，この方程式の2根を z', z'' とすると，$y^3=z'$, $y^3=z''$. それゆえ，$y=\sqrt[3]{z'}$ または $y=\sqrt[3]{z''}$ となる．そうして r と s は y の二つの値としたのであるから，

$$r=a+\alpha b+\alpha^2 c=\sqrt[3]{z'}$$
$$s=a+\alpha c+\alpha^2 b=\sqrt[3]{z''}$$

と置くことができる．これらの方程式にもうひとつの方程式 $a+b+c=-m$ を組み合わせると，3根 a, b, c を見い出すことが可能になる．実際，$\alpha^3=1$ と $1+\alpha+\alpha^2=0$ に留意して計算を進めると，

$$a=\frac{-m+\sqrt[3]{z'}+\sqrt[3]{z''}}{3}$$
$$b=\frac{-m+\alpha^2\sqrt[3]{z'}+\alpha\sqrt[3]{z''}}{3}$$
$$c=\frac{-m+\alpha\sqrt[3]{z'}+\alpha^2\sqrt[3]{z''}}{3}$$

となる．こうしてラグランジュの分解式を提案することにより還元方程式が生成され，それを2次方程式のように解くことに

1. ラグランジュの代数方程式論 ── 3次方程式

より，提示された3次方程式の根の表示に到達した．未知数の個数を増やして2個にしたり，一個の方程式を二分して連立方程式を設定したりするような技巧を凝らすこともなく，いかにも自然にさらさらと解けてしまった．この状況を指して，ラグランジュはカルダノの規則，すなわちシピオーネ・デル・フェッロとタルタリアの解法の本質が解明されたとみなしたのである．

チルンハウスの解法

シピオーネ・デル・フェッロとタルタリアの解法に続いて，ラグランジュはチルンハウスが1683年の「学術報告(*Acta Eruditorum*)」誌上に公表した解法を紹介した．チルンハウスは17世紀のドイツの数学者で，**チルンハウス変換**という数学用語にその名を留めている．

チルンハウスの解法は提示された方程式の中間項を任意の個数だけ消去していくところに特徴があり，シピオーネ・デル・フェッロとタルタリアの解法に比べて容易というわけではないが，いっそう直接的で，しかもいっそう一般的な解法である．次数が5以上の方程式に対して適用することはできないが，3次と4次の方程式には同じ様式で適用可能である．

チルンハウスの方法に追随して3次方程式 $x^3+mx^2+nx+p=0$ を解いてみよう．二つの中間項 mx^2 と nx を消去することをめざし，

$$x^2 = bx+a+y$$

と置いて2個の未知数 a, b を導入する．これらの未知数に適当な値を割り当てることにより，2個の中間項 mx^2 と nx が消失す

ることを期待するのである．x を乗じると，$x^3 = bx^2 + ax + yx$．
右辺の x^2 のところに $x^2 = bx + a + y$ を代入して計算を進めると，
$x^3 = (b^2 + a + y)x + b(a + y)$．これらの値を提示された方程式に
代入すると，

(A)　　$(b^2 + mb + n + a + y)x + (b + m)(a + y) + p = 0$

となる．ここから x の表示式

$$x = -\frac{(b+m)(a+y)+p}{b^2+mb+n+a+y}$$

が取り出される．これを $x^2 + bx + a + y$ に代入すると，未知数 y
に関する方程式

$$[c(a+y)+p]^2 + b[c(a+y)+p](d+a+y)$$
$$-(a+y)(d+a+y)^2 = 0$$

が得られる．ここで，表記を簡潔なものにするため，$b + m = c$,
$b^2 + mb + n = d$ と置いた．この方程式を $a + y$ の冪に沿って書
き下し，c と d の値を元にもどすと，

(B)　　$(y+a)^3 - (mb + m^2 - 2n)(y+a)^2$
　　　　　　$+ [nb^2 + (mn - 3p)b + n^2 - 2mp](y+a)$
　　　　　　$- p(b^3 + mb^2 + nb + p) = 0$

となる．さらに $y + a$ の冪を展開して書き直すと，

$$y^3 + Ay^2 + By + C = 0$$

という形になる．ここで，

1. ラグランジュの代数方程式論 — 3次方程式

$A = 3a - mb - m^2 + 2n$

$B = 3a^2 - 2a(mb + m^2 - 2n) + nb^2 + (mn - 3p)b$
$\quad + n^2 - 2mp$

$C = a^3 - (mb + m^2 - 2n)a^2$
$\quad + [nb^2 + (mn - 3p)b + n^2 - 2mp]a - p(b^3 + mb^2 + nb + p)$

と置いた．それゆえ，$A = 0$ かつ $B = 0$ となるように a, b の値を定めれば，第2項と第3項が消失する．これを実現するには，方程式

$3a - mb - m^2 + 2n \hspace{5em} = 0$

$3a^2 - 2a(mb + m^2 - 2n) + nb^2 + (mn - 3p)b + n^2 - 2mp = 0$

を解けばよいが，前者の方程式から a の値が出る．すなわち，

$$a = \frac{mb + m^2 - 2n}{3}$$

となる．これを後者の方程式に代入すると，

$(m^2 - 3n)b^2 + (2m^3 - 7mn + 9p)b + m^4 - 4m^2n + 6mp + n^2 = 0$

となるが，これがチルンハウスの解法における還元方程式である．

この還元方程式は2次であるから容易に解けて b の値が得られる．これで y に関する方程式は

$$y^3 + C = 0$$

という形に帰着された．この方程式は3個の根

$$y = -\sqrt[3]{C}, \quad y = -\alpha \sqrt[3]{C}, \quad y = -\alpha^2 \sqrt[3]{C}$$

を与えるが(α は方程式 $x^3 - 1 = 0$ の1以外の根)，それらを用いて，提示された方程式の3根 x が得られる．

チルンハウスの解法の省察

シピオーネ・デル・フェッロとタルタリアの解法では，見掛け上6次だが2次方程式のように解くことのできる還元方程式に出会ったが，チルンハウスの方法では2次の還元方程式に直接導かれた．ラグランジュはこの現象に省察を加え，解明を試みた．

あらためて補助方程式 $x^2 = bx+a+y$ を考えよう．ここで，y は $y^3+C=0$ という形の3次の二項方程式によって定められなければならない．この方程式の3個の根は

$$y = -\sqrt[3]{C}, \quad y = -\alpha\sqrt[3]{C}, \quad y = -\alpha^2\sqrt[3]{C}$$

であり，それぞれ提示された方程式 $x^3+mx^2+nx+p=0$ の3根に対応する．そこでそれらの3根を x', x'', x''' で表すと，3個の関係式

$$(\mathrm{C}) \quad \begin{cases} x'^2 = bx'+a-\sqrt[3]{C} \\ x''^2 = bx''+a-\alpha\sqrt[3]{C} \\ x'''^2 = bx'''+a-\alpha^2\sqrt[3]{C} \end{cases}$$

が得られる．ここから a と b の値が取り出される．実際，第2式に α を乗じ，第3式に α^2 を乗じた後にこれらの3個の式を加えると，$\alpha^4 = \alpha$，$1+\alpha+\alpha^2 = 0$ より，

$$x'^2 + \alpha x''^2 + \alpha^2 x'''^2 = b(x' + \alpha x'' + \alpha^2 x''')$$

となる．ここから

$$b = \frac{x'^2 + \alpha x''^2 + \alpha^2 x'''^2}{x' + \alpha x'' + \alpha^2 x'''}$$

が導出される．こうして，提示された方程式の根を用いて還元方

1. ラグランジュの代数方程式論 ― 3次方程式

程式の根が表示され，シピオーネ・デル・フェッロとタルタリアの解法の場合の同様の状況が出現した．

この表示式を観察すると，b を定める方程式の次数が判明する．実際，b のさまざまな値は3根 x', x'', x''' の間で自由に置換を行うことによって生じるが，そのような置換の個数は6個であるから，b が取りうる異なる値の個数は6個を越えることはない．それらの6個の値は次のように表示される．

$$\frac{x'^2 + \alpha x''^2 + \alpha^2 x'''^2}{x' + \alpha x'' + \alpha^2 x'''}$$

$$\frac{x'^2 + \alpha x'''^2 + \alpha^2 x''^2}{x' + \alpha x''' + \alpha^2 x''}$$

$$\frac{x''^2 + \alpha x'''^2 + \alpha^2 x'^2}{x'' + \alpha x''' + \alpha^2 x'}$$

$$\frac{x''^2 + \alpha x'^2 + \alpha^2 x'''^2}{x'' + \alpha x' + \alpha^2 x'''}$$

$$\frac{x'''^2 + \alpha x'^2 + \alpha^2 x''^2}{x''' + \alpha x' + \alpha^2 x''}$$

$$\frac{x'''^2 + \alpha x''^2 + \alpha^2 x'^2}{x''' + \alpha x'' + \alpha^2 x'}$$

それゆえ，一般的に言うと b の満たす方程式は6次になることになるが，実際には上記の6個のうち，第1の値と第3の値と第5の値は等しい．というのは，第1の値の分母と分子に同時に α を乗じると第5の値になり，同時に α^2 を乗じると第3の値になるからである．同様に，第2の値と第4の値と第6の値は等しい．それゆえ，b に関する6次方程式は3個ずつの等根の組を二つもつことになり，その結果，2次方程式の3乗であることが判明する．これで，チルンハウスの解法における還元方程式の次数が2になる理由が明らかになった．

量 b の値がわかれば a の値もまた即座に判明する．実際，3

個の等式(C)を加えると，$1+\alpha+\alpha^2=0$ により，
$$x'^2+x''^2+x'''^2 = b(x'+x''+x''')+3a$$
となる．ところが，
$$x'+x''+x''' = -m, \quad x'^2+x''^2+x'''^2 = m^2-2n.$$
それゆえ，$m^2-2n = -bm+3a$．これによって，a の値を表示する式
$$a = \frac{bm+m^2-2n}{3}$$
が得られる．

ベズーの解法とオイラーの解法

ひとしきりチルンハウスの解法を語った後，ラグランジュはベズーとオイラーの解法に言及した．チルンハウスの解法の道筋を回想すると，提示された3次方程式の根 x は
$$x = \frac{f+gy}{k+y}$$
という形に置くことができる．ここで f, g, k は不定量であり，y は
$$y^3+h=0$$
という形の2項3次方程式の根である．前者の等式から y の表示式
$$y = \frac{f-kx}{x-g}$$
が得られるが，これを後者の等式に代入すると，
$$h+\left(\frac{f-kx}{x-g}\right)^3 = 0$$

1. ラグランジュの代数方程式論 ―― 3次方程式

という3次方程式が得られる．これを提示された方程式と比較すると，量 f, g, k, h が決定される．これらの4個の量のうち，ひとつは任意であり，自由な数値を割り当てることができる．これがベズーの解法の筋道である．ベズーは1762年のパリの科学アカデミーの紀要に掲載した論文「代数的解法を受け入れるあらゆる次数の方程式の作るいくつかの類について」(同誌，17-52頁) においてすでにこの解法を用いたと，ラグランジュは註記した．ベズーはチルンハウスの解法の骨子を抽出して歩を進め，見通しのよい簡明な解法を提案したのである．

ベズーの解法の省察を念頭に置いて，再びチルンハウスの解法における x の表示式

$$\frac{f+gy}{k+y}$$

に立ち返ろう．ここで，y は方程式 $y^3+h=0$ により与えられる3乗根である．分数の上下に k^2-ky+y^2 を乗じて分母 $k+y$ の3乗根を消すと，$y^3=-h$ により，

$$\frac{k^2f+(k^2g-kf)y+(f-kg)y^2+gy^3}{k^3+y^3}$$
$$=\frac{k^2f-hg+(k^2g-kf)y+(f-kg)y^2}{k^3-h}$$

となって，$a+by+cy^2$ という簡明な形になる．それゆえ，一般に a, b, c は不定定量，y は $y^3+h=0$ という形の2項3次方程式の根として，

$$x=a+by+cy^2$$

という表示式が手に入る．これが，ベズーとオイラーが用いた根の表示式である．ラグランジュによると，3次方程式のみならず，ベズーとオイラーはすべての次数の方程式の解法に対してもこの表示式を適用できると確信したということである．

ペテルブルク科学アカデミーの新紀要，巻9(1762/3年．実際の刊行年は1764年)にはオイラーの論文E282「任意次数の方程式の解法」が掲載されている(同誌，70-98頁．オイラーの全集の第一系列，巻6, 170-196頁)．また，ベズーの1765年のパリの科学アカデミーの紀要にはベズーの論文「あらゆる次数の方程式の一般的解法について」が掲載されている(同誌，533-552頁)．

実際にベズーとオイラーの方法で3次方程式を解くには，二つの方程式 $x = a+by+cy^2$ と $y^3+h = 0$ から y を消去しさえすればよい．これを実行すると x に関する3次方程式が与えられるが，それを提示された方程式と各項ごとに比較すると3個の方程式が得られる．それらを用いると4個の未知数 a, b, c, h のうち，3個まで定められる．残る第四の未知数は任意に取ることができる．ベズーは $h = -1$ と定めて計算した．これに対しオイラーはすべての未知数を未知数のままに保存して計算を進めたうえで，より簡潔な結果をもたらすと思われる未知数を1と等置した．ベズーとオイラーの違いが認められるのはこの一点においてのみである．

ベズーの解法とオイラーの解法の省察

ラグランジュはベズーの解法とオイラーの解法に省察を加え，係数 a, b, c, h が決定されていく状況の根底にあるものを明るみにだそうと試みた．ラグランジュの創意はこのあたりに現れている．

方程式 $y^3+h = 0$ により3個の根 $-\sqrt[3]{h}$, $-\alpha\sqrt[3]{h}$, $-\alpha^2\sqrt[3]{h}$ が

1. ラグランジュの代数方程式論 ── 3次方程式

与えられるから，それらを用いて3個の等式

$$x' = a - b\sqrt[3]{h} + c\sqrt[3]{h^2}$$
$$x'' = a - \alpha b\sqrt[3]{h} + \alpha^2 c\sqrt[3]{h^2}$$
$$x''' = a - \alpha^2 b\sqrt[3]{h} + \alpha c\sqrt[3]{h^2}$$

が得られる．これらを加えると，まず $3a = x' + x'' + x''' = -m$ となる．これによって量 $a = -\dfrac{m}{3}$ が決定される．次に，第二式に α^2 を乗じ，第三式に α を乗じたうえで3個の等式を加えると，等式 $x' + \alpha^2 x'' + \alpha x''' = -3b\sqrt[3]{h}$ が得られる．最後に，第二式に α を乗じ，第三式に α^2 を乗じて3根を加えると，等式 $x' + \alpha x'' + \alpha^2 x''' = -3c\sqrt[3]{h^2}$ が得られる．

そこで $h = -1$ と定め，-1 の3乗根として $\sqrt[3]{-1} = -1$ を採ることにすれば，二つの量 b と c に対し，

$$b = \frac{x' + \alpha x''' + \alpha^2 x''}{3}$$
$$c = \frac{x' + \alpha x'' + \alpha^2 x'''}{3}$$

という表示式が得られる．これはシピオーネ・デル・フェッロとタルタリアの解法における還元方程式の根の表示式とまったく同じものである．これによって量 b と c は2次方程式を解くのと同様に解ける6次方程式により与えられることが判明する．それは

$$y^6 + \left(p - \frac{mn}{3} + \frac{2m^3}{27}y^3\right) - \frac{1}{27}\left(n - \frac{m^2}{3}\right)^3 = 0$$

という方程式である．ベズーは計算を通じてこれを見い出した．

ベズーは4個の係数 a, b, c, h のうちの h を $h = -1$ と設定したが，オイラーは b に着目し，これを $b = 1$ と指定した．このとき，$x' + \alpha x''' + \alpha^2 x'' = -3\sqrt[3]{h}$, $x' + \alpha x'' + \alpha^2 x''' = 3c\sqrt[3]{h^2}$ となる．前者の式を3乗すると，

$$-h = \frac{1}{27}(x' + \alpha x''' + \alpha^2 x'')^3$$

が与えられる．あるいは，前に用いた記号(25頁の表記 $s = a + \alpha c + \alpha^2 b = \sqrt[3]{z''}$ 参照)を用いると，

$$-h = \frac{s^3}{27} = \frac{z''}{27}$$

という形になる．この式を観察すると，量 $-h$ は 2 次方程式により与えられることがわかる．その方程式の 2 個の根は $\frac{z'}{27}$ と $\frac{z''}{27}$ である．これで h の値が見い出された．

そこで上記の二つの式 $x' + \alpha x''' + \alpha^2 x'' = -3\sqrt[3]{h}$, $x' + \alpha x'' + \alpha^2 x''' = 3c\sqrt[3]{h^2}$ を乗じると，$-9ch = (x' + \alpha x'' + \alpha^2 x''')(x' + \alpha x''' + \alpha^2 x'')$ となる．右辺の積を計算すると，$-9ch = x'^2 + x''^2 + x'''^2 + (\alpha + \alpha^2)(x'x'' + x'x''' + x''x''')$．ここで $x'^2 + x''^2 + x'''^2 = m^2 - 2n$, $x'x'' + x'x''' + x''x''' = n$, $\alpha + \alpha^2 = -1$．それゆえ $-9ch = m^2 - 3n$ となり，

$$c = \frac{3n - m^2}{9h}$$

が得られる．これで量 c の値が定められた．

3 次方程式の種々の解法の根底にあるもの

シピオーネ・デル・フェッロとタルタリアの解法をはじめとして，チルンハウスの解法，ベズーの解法，それにオイラーの解法と，ラグランジュは全部で四通りの解法を回想したが，どの方法でも「還元方程式」という名にふさわしい方程式に遭遇し，それを解くことにより 3 次方程式の根の代数的表示が得られるので

あった．還元方程式の次数は 2 次のこともあれば 6 次になることもあるが，6 次の場合であっても，形が特殊であるために 2 次方程式を解くのと変わるところがないのであった．ラグランジュはこれらすべての解法に省察を加え，根底にあるものは同一であることを明らかにした．既知のあらゆる解法において，還元方程式はつねに「何かある同じ形のもの」によって満たされるように組み立てられている．それは「提示された方程式の根の有理式」である．

還元方程式を満たす「根の有理式」の形は解法に応じて少しずつ異なっている．ベズーの解法では $x' + \alpha x'' + \alpha^2 x'''$ という形の式が使われたが，これはシピオーネ・デル・フェッロとタルタリアの解法の場合と同じものである．この形の式は今日の用語法では**ラグランジュの分解式**と呼ばれることがある．オイラーの解法で用いられるのは $(x' + \alpha x'' + \alpha^2 x''')^3$ という形の有理式である．チルンハウスの解法では，いくぶん複雑に見える形になるが，$\dfrac{x'^2 + \alpha x''^2 + \alpha^2 x'''^2}{x' + \alpha x'' + \alpha^2 x'''}$ という有理式に遭遇した．

こうしてあらゆる解法は適切な形の「根の有理式」を提案するところに帰着する．ラグランジュの創意はこの認識を自覚したところに明瞭に現れているが，逆にこの事実認識を出発点に定めて歩を進めれば，4 次を越える方程式の解法が見い出されるかもしれないと期待されるであろう．ラグランジュの真意はそこにあり，実際にみずから発見した解法原理を高次方程式に適用した．長篇「方程式の代数的解法の省察」の後半の二つの章 (3 章と 4 章) はラグランジュの試みの跡を今日に伝える歴史的遺跡である．

2

ラグランジュの
代数方程式論
―― 4次方程式

2. ラグランジュの代数方程式論 ― 4次方程式

4次方程式　フェラリの解法の原型

　ラグランジュの論文「省察」の第二部は「4次方程式の解法」と題されていて，4次の代数方程式の根の公式の，いろいろな導出法が次々と紹介されていく．4次方程式の解法は一般に「フェラリの解法」と呼ばれているが，フェラリはカルダノに数学を学び，4次方程式の解法を一番はじめに発見した人物である．ただし，フェラリの解法を公表したのはカルダノで，3次方程式の解法と同じく『アルス・マグナ』に概要が記述された．このような諸事情を背景にして，ラグランジュの「省察」の第二部は「フェラリの解法」の紹介から説き起こされ，それからデカルト，チルンハウス，オイラー，ベズーの解法へと及んでいく．以下に引くのは書き出しの部分である．

　　カルダノと同時代の弟子でもあったルドヴィコ・フェラリは，4次方程式の解法のための一般法則をみいだした最初の人であることが知られている．

　　彼の方法の骨子は，提示された方程式を二つの部分に分け，それぞれに同じ量を付け加えて，平方根をそれぞれ別々に開くことができるようにして，方程式の次数が2次以下に下がるようにするところに認められる．この方法は，それ以来，同じ目的のために開発されたあらゆる方法のうち，最も巧妙なものとみなされているものであり，デカルトに先立つあらゆる解析学者により採用されてきた．だが，この高名な幾何学者[デカルト]は，この方法を，単純さも直截さもとぼしいが，いくつかの点で方程式の性質にいっ

そうよく合致する他の方法に取りかえなければならないと考えた．それは，今日の大部分の著作者たちが追随している方法である．そこでわれわれは，これらの二通りの方法を順に調べることから始めたいと思う．続いて，4次方程式の解法のためのいくつかの周知の方法に歩を向けることにする．それらのうち，特にチルンハウス，オイラー，ベズーの方法を区別しなければならない．

　第二部はここに描写された通りに進行する．第一部と合わせると，これで3次と4次の方程式に対するさまざまな解法を，ある同じ場所から一挙に観察することが可能になる．その「同じ場所」というのは，「方程式の諸根の作る有理式」の形に着目することである．諸根を用いて組み立てられる有理式において根の間に置換を施すと，式の値がさまざまに変化する．全体としてつねに有限個にとどまるのは明らかだが，いくつかの異なる値を取る．何個の値を取るのかということになると，有理式の形状によりさまざまだが，3次と4次の方程式の解法は，結局のところ，どのような形の諸根の有理式を採用するのかということに応じて，多彩な様相を呈するのだというのがラグランジュの所見である．
　ラグランジュとともに4次方程式
$$x^4 + nx^2 + px + q = 0$$
の根を与えるフェラリの解法を概観しよう．この方程式には第二項，すなわち x^3 の項が欠如しているが，そのように設定しても一般性が失われないことは3次方程式の場合と同様である（4次方程式の一般形 $x^4 + mx^3 + nx^2 + px + q = 0$ から出発する場合，新たな未知数 $y = x + \dfrac{m}{4}$ を導入すると y の4次方程式が得られ

2. ラグランジュの代数方程式論 — 4次方程式

るが,そこには y^3 の項は存在しない).第一項以外の3個の項を右辺に移して等式 $x^4=-nx^2-px-q$ を作り,新たな不定未知数 y を導入して,両辺に量 $2yx^2+y^2$ を加えると,

$$x^4+2yx^2+y^2=(2y-n)x^2-px+y^2-q$$

となる.左辺は $(x^2+y)^2$ という形となり,平方量である.これに対応して右辺もまた平方量になるようにしたいが,右辺は x に関して2次式であることに留意すると(提示された方程式から次数3の項を消しておいた効果がここに現れている),そのために満たされるべき条件は

$$\frac{p^2}{4}=(2y-n)(y^2-q)$$

である.これは3次方程式

$$y^3-\frac{n}{2}y^2-qy+\frac{4nq-p^2}{8}=0$$

であるから,シピオーネ・デル・フェッロとタルタリアの方法で解ける.

そこで y のひとつの値が判明したとすると,その y に対して,上記の方程式 $(x^2+y)^2=(2y-n)-px+y^2-q$ の右辺は

$$(2y-n)\left[x-\frac{p}{2(2y-n)}\right]^2$$

となる.両辺の平方根を取ると,

$$x^2+y=\left[x-\frac{p}{2(2y-n)}\right]\sqrt{2y-n}$$

となる.この方程式は x に関して2次であるから容易に解ける.実際,表記を簡潔にするために $z=\sqrt{2y-n}$ と置くと,この方程式は

$$x^2-zx+y+\frac{p}{2z}=0$$

という形になる．これを解いて，

$$x = \frac{z + \sqrt{z^2 - \dfrac{2p}{z} - 4y}}{2} = \frac{\sqrt{2y-n} + \sqrt{-2y - n - \dfrac{2p}{\sqrt{2y-n}}}}{2}$$

この表示式には二つの平方根が見られるが，それらの各々を正または負に取ることにより，一挙に4個の値が与えられる．それらは提示された4次方程式の根である．これがフェラリによる4次方程式の解法の道筋である．2次方程式を次々と2度にわたって解くことになるが，その前に3次方程式を解いているから，フェラリの解法では本質的に次数12の方程式を解いたのである．それらの12個の根のうち，4個はまちがいなく提示された4次方程式の根である．では，他の8個の根の存在は何を意味するのであろうか．

一般型の4次方程式　フェラリの解法の原型（続）

フェラリは第2項，すなわち x^3 の項が存在しない方程式から出発したが，この前提を置かずに完全に一般的な形の4次方程式

$$x^4 + mx^3 + nx^2 + px + q = 0$$

から出発しても，フェラリの方法はそのまま適用することができる．これを見るために，提示された方程式の後半の3項を右辺に移して方程式 $x^4 + mx^3 = -nx^2 - px - q$ を作り，両辺に量 $\left(2y + \dfrac{m^2}{4}\right)x^2 + myx + y^2$ を加えると，方程式

$$\left(x^2 + \frac{mx}{2} + y\right)^2 = \left(2y + \frac{m^2}{4} - n\right)x^2 + (my - p)x + y^2 - q$$

2. ラグランジュの代数方程式論 ── 4次方程式

が得られる．フェラリの解法の原型に比べて，加える量がいくぶん複雑になったが，同じアイデアが踏襲されて，左辺は平方量になった．右辺もまた平方量でありうるためには，量 y を方程式

$$\left(\frac{my-p}{2}\right)^2 = \left(2y+\frac{m^2}{4}-n\right)(y^2-q)$$

すなわち，3次方程式

$$y^3 - \frac{n}{2}y^2 + \frac{mp-4q}{4}y + \frac{(4n-m^2)q-p^2}{8} = 0$$

が満たされるように定めればよい．以下，この方程式を**還元方程式**と呼ぶ．

シピオーネ・デル・フェッロとタルタリアの方法により還元方程式を解き，根のひとつを y で表そう．表記を簡潔にするため，$z = \sqrt{2y+\frac{m^2}{4}-n}$ と置くと，

$$\left(x^2+\frac{mx}{2}+y\right)^2 = z^2\left(x+\frac{my-p}{2z^2}\right)^2$$

となる．両辺の平方根を取ると，

$$x^2+\frac{mx}{2}+y = zx+\frac{my-p}{2z}$$

すなわち，2次方程式

$$x^2+\left(\frac{m}{2}-z\right)x+y-\frac{my-p}{2z} = 0$$

が得られる．これを解くと，

$$\begin{aligned}x &= \frac{1}{2}\left(z-\frac{m}{2}+\sqrt{z^2-mz+\frac{m^2}{4}-4y+\frac{2(my-p)}{z}}\right)\\&= \frac{1}{2}\left(-\frac{m}{2}+\sqrt{2y+\frac{m^2}{4}-n}+\sqrt{-2y+\frac{m^2}{2}-n-\frac{\frac{1}{4}m^3-mn+2p}{\sqrt{2y+\frac{m^2}{4}-n}}}\right)\end{aligned}$$

となる．この表示式には2個の平方根が入っているが，それらの各々に正または負の符号を割り当てることにより4個の値が手

に入る．それらは提示された4次方程式の4個の根である．

還元方程式は3次であるから3個の根をもつが，それらのひとつを指定すると，そのつど上記のxの表示式が定まる．したがってxの値は全部で12個まで得られることになり，上記の方法で解いたのは実質的に次数12の方程式であることが諒解されるのである．4次方程式の解法が12次の方程式の解法に帰着されるという，一見して不可解な状況だが，ラグランジュはこの事態に省察を加え，解明を試みた．

解明の方針のひとつは，最終的に得られたxの表示式から二つの平方根とyを消去して，xが満たす12次の方程式を実際に構成することである．ラグランジュはこれを実行し，その方程式は提示された方程式の3乗であること，すなわち

$$(x^4+mx^3+nx^2+px+q)^3 = 0$$

という形であることを明らかにした．それゆえ，懸案の12次方程式の12個の根は実際には4個に帰着され，4個の根の各々に対して，それと等しい他の根が存在する．

等根の出現が何に由来するのかという問題もあるが，二つの平方根とyを消去のプロセスを観察するとおのずと諒解されるように，等根はyの消去にのみ起因するのであり，平方根とは無関係である．それゆえ，xの表示式において，yとして還元方程式のどの根を用いても，つねに同じ4個の根が得られるのである．

フェラリの解法に寄せるラグランジュの省察

提示された4次方程式の根xを表示する式から出発して，その表示式が満たす次数12の方程式の構成を実際に試みるのは，

2. ラグランジュの代数方程式論 ── 4次方程式

フェラリの解法の本性を認識するうえでたしかに有力な作業である．ラグランジュはそれを遂行したが，それと同時にもうひとつの解明の道筋を提案した．しばらくラグランジュに追随しよう．

フェラリの解法の要点は，還元方程式と呼ばれる3次方程式の根 y を用いて，提示された4次方程式に対して

$$\left(x^2 + \frac{mx}{2} + y\right)^2 = \left(2y + \frac{m^2}{4} - n\right)x^2 + (my-p)x + y^2 - q$$

という形を与えることであった．このような形は，還元方程式の3個の根のそれぞれに対応して，相異なる三通りの仕方で出現する．この形の方程式は二つの方程式

$$x^2 + \frac{mx}{2} + y + z\left(x + \frac{my-p}{2z^2}\right) = 0$$

$$x^2 + \frac{mx}{2} + y - z\left(x + \frac{my-p}{2z^2}\right) = 0$$

すなわち

$$x^2 + \left(\frac{m}{2} + z\right)x + y + \frac{my-p}{2z} = 0$$

$$x^2 + \left(\frac{m}{2} - z\right)x + y - \frac{my-p}{2z} = 0$$

に分解する．これらを解けば，y として還元方程式のどの根を採っても，提示された4次方程式の同じ4個の根が与えられる．

提示された方程式の4個の根を a, b, c, d とし，a, b は上記の二つの方程式のうち前の方程式の根，c, d は後の方程式の根とする．このとき，根と係数の関係により，

$$a + b = -\frac{m}{2} - z, \quad ab = y + \frac{my-p}{2z}$$

$$c + d = -\frac{m}{2} + z, \quad cd = y - \frac{my-p}{2z}$$

となる．これより y と z を4根 a, b, c, d を用いて表示する式

$$z = \frac{c+d-1-b}{2}, \quad y = \frac{ab+cd}{2}$$

が導かれる．

この y の表示式を観察すると，y の満たす方程式，すなわち還元方程式の次数は3になることが諒解される．実際，量 y の表示式 $y = \frac{ab+cd}{2}$ において4根 a,b,c,d に置換を施すとさまざまな値が生じるが，それらの値は量 y がもちうる値のすべてである．ところが容易に判明するように，この置換の操作から生じる異なる値は3個の量

$$y = \frac{ab+cd}{2}, \quad y = \frac{ac+bd}{2}, \quad y = \frac{ad+cb}{2}$$

のみであり，それらは還元方程式の3個の根である．これが，還元方程式の次数が3になる理由である．

還元方程式の構成

4個の根 a,b,c,d の作る表示式 $ab+cd$ において根の置換を施すとき，この表示式が受け入れる異なる形は $ab+cd$, $ac+bd$, $ad+cb$ という3個のみなのであった．この事実に着目すると，還元方程式を直接的に構成する道筋が開かれる．

$u = ab+cd$ と置いて，$ab+cd$, $ac+bd$, $ad+cb$ を3根とする3次方程式

$$u^3 - Au^2 + Bu - C = 0$$

を構成しよう．根と係数の関係に着目すると，係数 A, B, C は

2. ラグランジュの代数方程式論 — 4次方程式

$A = ab+cd+ac+bd+ad+bc$
$B = (ab+cd)(ac+bd)+(ac+bd)(ad+cb)+(ac+bd)(ad+cb)$
$C = (ab+cd)(ac+bd)(ad+cb)$

すなわち

$A = ab+ac+ad+bc+bd+cd$
$B = a^2(bc+bd+cd)+b^2(ac+ad+cd)$
$\qquad\qquad +c^2(ab+ad+bd)+d^2(ab+ac+bc)$
$C = abcd(a^2+b^2+c^2+d^2)+a^2b^2c^2+a^2b^2d^2+a^2c^2d^2+b^2c^2d^2$

という形に表示される．これらはみな4根 a,b,c,d の対称式であるから，提示された4次方程式 $(x^4+mx^3+nx^2+px+q)^3=0$ の係数を用いて表される．実際，根と係数の関係により，

$$-m = a+b+c+d$$
$$n = ab+ac+ad+bc+bd+cd$$
$$-p = abc+abd+acd+bcd$$
$$q = abcd$$

であるから，まず

$$A = n$$

が得られる．次に，$a(bc+bd+cd)=-p-bcd$, $b(ac+ad+cd)=-p-acd$, $c(ab+ad+bd)=-p-abd$, $d(ab+ac+bc)=-p-abd$ に着目すると，

$$B = (a+b+c+d)(-p)-4abcd = mp-4q$$

となる．最後に，C の表示式を得るために $a^2+b^2+c^2+d^2 = m^2-2n$ となることに着目すると，C の一部分である $abcd(a^2+b^2+c^2+d^2)$ は $(m^2-2n)q$ となることがわかる．また，p の平方を作ると，

46

$$a^2b^2c^2+a^2b^2d^2+a^2c^2d^2+b^2c^2d^2$$
$$=p^2-2abcd(ab+ac+bc+ad+bd+cd)=p^2-2nq$$

となる．ここから，
$$C=(m^2-4n)q+p^2$$
が取り出される．これらの結果を合せると，還元方程式は
$$u^3-nu^2+(mp-4q)u-(m^2-4n)q-p^2=0$$
という形になることがわかる．$u=2y$ と置けば，フェラリの解法の途次に出会った還元方程式と同じ形になる．

還元方程式を経由して4次方程式を解く

還元方程式を解いて u の値のひとつが判明すれば，それを用いて，提示された4次方程式の根を見い出すことができる．そのプロセスはラグランジュの省察の根幹の部分である．しばらくラグランジュとともにその様子を観察しよう．

$u=ab+cd$, $abcd=q$ であるから，2個の量 ab と cd は2次方程式
$$t^2-ut+q=0$$
の根である．そこで，この2次方程式を解いて2個の根 t', t'' を求めることにより，2個の積 $ab=t'$, $cd=t''$ の値が手に入る．さらに，$-p=ab(c+d)+cd(a+b)=t'(c+d)+t''(a+b)$．この等式をもうひとつの等式 $a+b+c+d=-m$ と連立させて解くと，$a+b=\dfrac{p-mt'}{t'-t''}$, $c+d=\dfrac{p-mt''}{t''-t'}$ が得られる．それゆえ，a と b は2次方程式

2. ラグランジュの代数方程式論 ── 4次方程式

$$x^2 - \frac{p-mt'}{t'-t''}x + t' = 0$$

の根であり，c と d は2次方程式

$$x^2 - \frac{p-mt''}{t''-t'}x + t'' = 0$$

の根であることが明らかになる．

ここまでのところでは還元方程式の3個の根のうち，$u = ab+cd$ を採用して計算を進めてきたが，この値の代わりに $u = ac+bd$ を採っても，あるいはまた $u = ad+bc$ を採っても，提示された方程式の同じ4個の根が得られる．なぜなら，そのようにしても b と c，もしくは b と d が入れ代るにすぎず，他の状況は何も変化しないからである．

$u = ad+bc$ の代わりに $z = \dfrac{c+d-a-b}{2}$ を採用し，z が満たす方程式を還元方程式として用いると，いっそう簡単に4次方程式を解くことができる．ラグランジュはこれを示す計算を遂行した．

ラグランジュによるフェラリの解法の省察の模様は以上の通りである．解明の要点は，後にラグランジュの分解式と呼ばれることになる「根の有理式」を設定するところにある．$u = ab+cd$ も $z = \dfrac{c+d-a-b}{2}$ もラグランジュの分解式の仲間であり，それらの満たす代数方程式，すなわち還元方程式を考えることにより，4次方程式の解法は3次方程式の解法に帰着されるのである．デカルト，チルンハウス，オイラー，ベズーの方法についても事情は同様である．

次に引くのは「ラグランジュの分解式」を語るラグランジュ自身の言葉である．

われわれはこれで4次方程式の解法に関するいろいろな方法の分析を終えたいと思う．われわれは単にこれらの方法を互いに対比させて，相互関係と相互依存性を示しただけではない．われわれはさらに歩を進めて，これが主要なポイントなのだが，なぜこれらの方法は，あるものは3次の還元方程式に導き，またあるものは次数3に下げることの可能な6次の還元方程式へと導いていくのかという理由を，アプリオリに与えた．この現象は次に挙げる事情に由来することをわれわれは見た．すなわち，一般に，これらの還元方程式の根は量 x', x'', x''', x^{IV} の関数であり，しかもその関数は，関数 $x'x''+x'''x^{IV}$ のように4個の量 x', x'', x''', x^{IV} の間で可能な限りのあらゆる置換を行うときに相異なる3個の値のみしか許容しえないものであるか，あるいは関数 $x'+x''-x'''-x^{IV}$ のように，2個ずつが等しくてしかも反対符号をもつ6個の値のみしか許容しえないものであるか，またあるいは第42節で見いだされた関数のように，6個の値を許容して，それらを3組に分けて各々の組の和と積を作るとき，量 x', x'', x''', x^{IV} の間でいかなる置換を行おうとも，それらの3個の和と積は不変のままに保たれるようなものなのである．4次方程式の一般的解法はひとえにこのような関数の存在に基づいている．（ラグランジュ「省察」，第50節）

　ラグランジュは3次と4次の方程式の解法を素材にして代数的解法の根底にあるものを探索し，ラグランジュの分解式を発見した．ここまでが論文「省察」の前半である．

2. ラグランジュの代数方程式論 — 4次方程式

高次方程式の代数的可解性をめぐって

　ラグランジュの「省察」の後半の二つの章のタイトルは下記の通りである．

第3章　5次および5次以上の方程式の解法
第4章　先ほどの省察の帰結．方程式の変換およびより低い次数への還元に関するいくつかの一般的な注意事項．

　「省察」の前半でラグランジュの分解式を発見したラグランジュは，後半に移ると，これを基本原理として5次および5次を越える高次方程式の解法の探究に向かった．この探究こそ，ラグランジュの本来の目的であった．解法を求めてやみくもに式変形を繰り返すのではなく，解法の原理から出発しようとする姿勢が顕著であり，理論の姿は一段と深まりを見せたと言えるのである．「省察」第4章，第109節を参照すると，「方程式の解法の真の原理がここにある」という言葉に出会う．高次方程式に対してこの原理を適用するのがよいが，成功するか否か，疑念がないわけではないとラグランジュの言葉は続き，そのうえでなお，「われわれはいつの日にか達成できることを待望している」と言い添えられた．ラグランジュは高次方程式の代数的解法の可能性を確信していたのである．

　後にアーベルの「不可能の証明」によって明るみに出されたように，ラグランジュは存在しないものの探索をめざしたのであるから，「省察」の後半の長大な試みは結実しなかった．だが，基本原理を探索し，そこに始点を定めるというラグランジュの姿勢は真にめざましく，この一点において，ラグランジュはガウスとアーベルに深遠な影響を及ぼしたのである．

3

円周等分方程式

3. 円周等分方程式

ド・モアブルの円周等分方程式論

ラグランジュの「省察」の第一部「3次方程式の解法」に立ち返ると，末尾に記されている特異な叙述が目に留まる．それは，**円周等分方程式**と呼ばれる高次方程式，すなわち

$$x^n - 1 = 0$$

という形の方程式の解法をめぐる考察である．この方程式はガウスの著作『アリトメチカ研究』の第7章で取り上げられたテーマだが，「省察」の記述と比較すると，ガウスに及ぼされたラグランジュの影響がありありと感知されるように思う．

3次方程式の解の公式にまつわるいろいろな物語を紹介した後に，すぐに4次方程式に移らずに，それに先立って円周等分方程式を取り上げたのはなぜなのであろうか．いかにも謎めいた情景だが，ともあれラグランジュの記述に追随していくと，まずはじめに方程式の次数 n については素数の場合のみを考えればよいことが指摘される．これを見るために，n は合成数として $n = pq$ という形とすると，方程式 $x^n - 1 = 0$ を解くことは低次数の円周等分方程式の解法に帰着される．ひとつは次数 p，もうひとつは次数 q である．実際，$x^q = y$ と置くと $x^n = y^p$．したがって $y^p - 1 = 0$ となる．この次数 p の方程式が解けたとして，根のひとつを α とすると，$x^q = \alpha$ となる．そこで $x = t\sqrt[q]{\alpha}$ と置くと $t^q - 1 = 0$ となる．この方程式を解けば t の値が定まり，そこから x の値もまた得られるのである．

こうして明らかになるように，n が合成数のときに円周等分方程式 $x^n - 1 = 0$ を解くことは，n の素因子の個数と同個数の素次数の円周等分方程式の解法に帰着される．

そこで以下，n は素数とする．$n=2$ の場合の円周等分方程式 $x^2-1=0$ は即座に解けて，根 $x=1$, -1 が得られる．そこで一般に $n=2p+1$ は奇素数として，方程式 $x^{2p+1}-1=0$ を考えよう．この方程式はつねに根 $x=1$ をもち，多項式 x^n-1 は $x-1$ で割り切れるが，この割り算を実行すると，商は

$$x^{2p}+x^{2p-1}+x^{2p-2}+\cdots+x^2+x+1$$

となる．そこで，この多項式を 0 と等値して生じる方程式

$$x^{2p}+x^{2p-1}+x^{2p-2}+\cdots+x^2+x+1=0$$

を解くことが問題になるが，この次数 $2p$ の方程式を指して**円周等分方程式**と呼ぶこともある．

次数 $2p$ の円周等分方程式 $x^{2p}+x^{2p-1}+x^{2p-2}+\cdots+x^2+x+1=0$ の解法は次数 p の方程式の解法に帰着される．実際，この方程式を x^p で割り，そのうえで中央から等距離にある項を二つずつまとめると，

$$x^p+\frac{1}{x^p}+x^{p-1}+\frac{1}{x^{p-1}}+\cdots+x+\frac{1}{x}+1=0$$

となる．そこで $x+\frac{1}{x}=y$ と置き，y の平方，立方，…を作ると，

$$y^2=x^2+\frac{1}{x^2}+2,\quad y^3=x^3+\frac{1}{x^3}+3\left(x+\frac{1}{x}\right),\ \cdots$$

となる．それゆえ，$x^2+\frac{1}{x^2}=y^2-2$, $x^3+\frac{1}{x^3}=y^3-3y$, ….一般に，

$$x^r+\frac{1}{x^r}=y^r-ry^{r-2}+\frac{r(r-3)}{2}y^{r-4}-\frac{r(r-4)(r-5)}{2\cdot 3}y^{r-6}+\cdots$$

（y の正冪が得られる限り継続する）

3. 円周等分方程式

となる．これらを前記の方程式に代入すると，y に関する次数 p の方程式が得られる．その方程式の最高次の冪は y^p である．これが解ければ y の p 個の値が得られるが，それらの各々は，2次方程式 $x^2-xy+1=0$ を解くことにより x の2個の値を与える．そこでそれらの値をすべて合わせると，円周等分方程式 $x^{2p}+x^{2p-1}+x^{2p-2}+\cdots+x^2+x+1=0$ の根がことごとくみな手に入ることになる．

こうして次数 $2p$ の円周等分方程式の解法は次数 p の方程式の解法に帰着されることが明らかになった．ラグランジュによると，これはド・モアブルが『解析雑論』(1730年) において表明したアイデアということである．ド・モアブルはフランスのシャンパーニュに生れたが，18歳のときナント勅令の廃止を受けてイギリスに亡命した．『解析雑論』はロンドンで出版された著作である．

低次数の円周等分方程式の解法

低次数の円周等分方程式を解くのはやさしい．次数2の円周等分方程式 $x^2-1=0$ の根は $\alpha=-1$, $\alpha^2=+1$ である．次数3の円周等分方程式 $x^3-1=0$ の根は $\alpha=\dfrac{-1+\sqrt{-3}}{2}$, $\alpha^2=\dfrac{-1-\sqrt{-3}}{2}$, $\alpha^3=1$．次数4の円周等分方程式 $x^4-1=0$ の根は $\alpha=\sqrt{-1}$, $\alpha^2=-1$, $\alpha^3=-\sqrt{-1}$, $\alpha^4=1$．次数5の円周等分方程式 $x^5-1=0$ の解法は4次方程式 $x^4+x^3+x^2+x+1=0$ の解法に帰着されるが，これはド・モアブルのアイデアにより2次方程式の解法に還元して解くことができる．根は下記の通り．

$$\alpha = \frac{\sqrt{5}-1}{4} + \frac{\sqrt{10+2\sqrt{5}}}{4}\sqrt{-1}$$

$$\alpha^2 = -\frac{\sqrt{5}+1}{4} + \frac{\sqrt{10-2\sqrt{5}}}{4}\sqrt{-1}$$

$$\alpha^3 = -\frac{\sqrt{5}+1}{4} - \frac{\sqrt{10-2\sqrt{5}}}{4}\sqrt{-1}$$

$$\alpha^4 = -\frac{\sqrt{5}-1}{4} - \frac{\sqrt{10+2\sqrt{5}}}{4}\sqrt{-1}$$

$$\alpha^5 = 1$$

次数6の円周等分方程式 $x^6-1=0$ の解法は次数2と次数3の円周等分方程式の解法に還元され,解くことができる.根は下記の通り.

$$\alpha = \frac{1+\sqrt{-3}}{2}$$

$$\alpha^2 = \frac{-1+\sqrt{-3}}{2}$$

$$\alpha^3 = -1$$

$$\alpha^4 = \frac{-1-\sqrt{-3}}{2}$$

$$\alpha^5 = \frac{1-\sqrt{-3}}{2}$$

$$\alpha^6 = 1$$

次数7の円周等分方程式 $x^7-1=0$ はド・モアブルのアイデアの手法を基礎にして解くことができる.実際,ド・モアブルのアイデアを適用すると,まずはじめに方程式 $y^3+y^2-2y-1=0$ を解くことになるが,これは次数3であるからつねにひとつの実根をもち,シピオーネ・デル・フェッロとタルタリアの解法により求められる.その根を方程式 $x^2-xy+1=0$ に代入し,そのうえでこの2次方程式を解くと,円周等分方程式 $x^7-1=0$ のひ

とつの根 $\alpha = \dfrac{y+\sqrt{y^2-4}}{2}$ が手に入る．その冪 $\alpha, \alpha^2, \alpha^3, \alpha^4$, $\alpha^5, \alpha^6, 1$ を作ると，次数 7 の円周等分方程式の 7 個の根のすべてが得られる．

次数 8, 9, 10 の円周等分方程式の解法も同様に進展するが，次数 11 の円周等分方程式に移ると別の様相が現れる．この場合，ド・モアブルのアイデアによると次数 5 の方程式
$$y^5+y^4-4y^3-3y^2+3y+1=0$$
に出会う[1]．これを解くことができれば，以下の手順はこれまでと同様に進展するが，今度は 5 次方程式を解かなければならず，一般的な代数的解法が知られていない状況に直面する．ラグランジュの解法はこの時点で頓挫してしまうのである．この壁を乗り越えてラグランジュの試みを継承したのは，ラグランジュの次の世代の数学者ガウスである．

ド・モアブルの円周等分方程式論に寄せる
　　　　　　　　　　ラグランジュの省察

$n=11$ に対する円周等分方程式の解法は 5 次方程式の解法に帰着されることを指摘した後に，ラグランジュは「しかし」と言葉を続け，「n が何であっても，方程式 $x^n-1=0$ の根は，円周の n 個の部分への分割により表示される」と明言した（ラグランジュのいう「円周」は単位円周，すなわち半径 1 の円周を意味する．以下，同様）．ラグランジュは方程式 $x^n-1=0$ の n 個の

---

[1] 方程式 $y^5+y^4-4y^3-3y^2+3y+1=0$ のみであれば，ヴァンデルモンドが解いた．「方程式の解法について」(1771 年，パリ科学アカデミー紀要) 参照．

根が単位円周上に均等に配置され，円周の n 等分点を作ることを認識していたことを認識していたことを示す言葉だが，これに加えてそれらの根の表示も手にしていた．すなわち，

$$\alpha = \cos\left(\frac{2\pi}{n}\right) + \sqrt{-1}\sin\left(\frac{2\pi}{n}\right)$$

と置くと，方程式 $x^n - 1 = 0$ の根は

$$1, \alpha, \alpha^2, \alpha^3, \cdots, \alpha^n$$

と表される[2]．この状況はすでにいくつかの低次数の円周等分方程式の場合に目の当たりにした通りだが，このような表示を観察すると，**円周等分方程式の諸根はある簡明な相互依存関係で結ばれている**ことが諒解される．ド・モアブルのアイデアを支えているのはこの相互関係であるというのが，ラグランジュの見解である．

ラグランジュの洞察に基づいて，奇素数 $n = 2p+1$ に対して方程式 $x^n - 1 = 0$ の解法を試みよう．次数 $2p$ の方程式 $x^{2p} + x^{2p-1} + x^{2p-2} + \cdots + x + 1 = 0$ の $2p$ 個の根 $\alpha, \alpha^2, \alpha^3, \cdots, \alpha^{2p}$ を二つのグループ

$$\alpha, \alpha^2, \cdots, \alpha^p \ と \ \alpha^{p+1}, \alpha^{p+2}, \cdots, \alpha^{2p}$$

に区分けする．$\alpha^{2p+1} = 1$ であるから，後者のグループは

$$\alpha^{p+1} = \frac{1}{\alpha^p},\ \alpha^{p+2} = \frac{1}{\alpha^{p-1}},\ \cdots,\ \alpha^{2p} = \frac{1}{\alpha}$$

という形の表示を受け入れる．そこで各々のグループから1個ずつ取り，α と α^{2p}，α^2 と α^{2p-1}，$\cdots$，α^p と α^{p+1} を組み合わせて和を作ると，

---

[2] オイラーの公式によれば，

$$\alpha = e^{\frac{2\pi\sqrt{-1}}{n}}$$

という形に表記されるが，ラグランジュの「省察」にはこの表記は見られない．

3. 円周等分方程式

$$\alpha + \alpha^{2p} = 2\cos\omega,$$
$$\alpha^2 + \alpha^{2p-1} = 2\cos 2\omega, \cdots, \alpha^p + \alpha^{p+1} = 2\cos p\omega$$

となる．ここで，$\omega = \dfrac{2\pi}{2p+1}$ と置いた．それゆえ，方程式 $\alpha^{2p} + \alpha^{2p-1} + \alpha^{2p-2} + \cdots + \alpha + 1 = 0$ は

$$2\cos\omega + 2\cos 2\omega + \cdots + 2\cos p\omega + 1 = 0$$

という形になる．倍角の公式により，$\cos 2\omega, \cdots, \cos p\omega$ は $\cos\omega$ を用いて表示され，$\cos 2\omega$ は $\cos\omega$ の次数 2 の多項式，$\cos 3\omega$ は $\cos\omega$ の次数 3 の多項式，$\cdots$，$\cos p\omega$ は $\cos\omega$ の次数 p の多項式の形になる．それゆえ，上記の方程式は $\cos\omega$ に関する次数 p の方程式になる．これを解けば $\cos\omega$ の値が判明し，それを用いて，提示された円周等分方程式の根が見い出される．

こうして次数 $2p$ の円周等分方程式の解法は次数 p の方程式の解法に帰着された．これでド・モアブルのアイデアの根底にあるものが明るみに出されたというのが，ラグランジュの所見である．

根の相互関係への着目

ラグランジュの論文「省察」には，根の相互関係に言及するラグランジュの言葉がここかしこに散りばめられている．ある方程式が提示されたとき，それを代数的に解くための一般原理をラグランジュは見いだした．それは，適切な形のラグランジュの分解式を作ることである．「ラグランジュの分解式」とは，提示された方程式の根を用いて組み立てられる有理式であり，それを根にもつ方程式は還元方程式と呼ばれる．提示された方程式の解法は還元方程式の解法に帰着され，しかもその還元方程式は，提示

された方程式よりも低次数になるか，あるいは少なくともいくつかの低次数の方程式に分解されるという現象がつねに生起してほしいと，ラグランジュは期待した．もしこの期待がかなえられるなら，この手順を繰り返していくことにより，次数が低下していく還元方程式の系列が生成され，最後に，代数的に解ける方程式に到達するであろう．

では，このような一般原理が作用して，所要の分解式が実際に見つかるのはどのようなときであろうか．これがラグランジュの最後の問である．一般原理の根底にもそれを支える基本原理が横たわっているのである．ラグランジュは具体的に語っているわけではないが，それは何らかの「根の相互関係」であることを感知していた模様である．論文「省察」からラグランジュの言葉を拾いたいと思う．

> 諸根の間に存在する何らかの特別の関係により，いっそうかんたんな他の方程式に帰着させることができる方程式の還元方程式について，少々論じたいと思う．（第4章，第87節）

> この章を終える前に，提示された方程式の根のうちのいくつかの間に，いくつかの与えられた関係が存在するときに生起する，より低次の方程式への還元を少々論じなればならない．（第4章，第110節）

> もしある方程式の根のうちのいくつかの間に特別の関係が認められるなら，その方程式をより低い次数に下げうることが保証される．（第4章，第110節）

3. 円周等分方程式

　　先ほどの例では，方程式の還元が許されるために根の間に存在するべき関係をわれわれが知ったのは，方程式の形自身によってである．だが，解決するべき問題の性質それ自身から，その関係を知ることもまた可能である．(第4章，第113節)

　方程式は「ラグランジュの分解式」を作ることができれば解けるが，その分解式の存在を保証するのは「根の相互関係」である．これがラグランジュの到達点である．「根の相互関係」とはどのようなものなのか，ラグランジュの叙述は必ずしも明確ではないが，円周等分方程式の場合にはド・モアブルの解法の解明という指針のもとでいくぶん具体性を獲得した．アーベルの「不可能の証明」が教えているように，あらゆる方程式を代数的に解くというラグランジュの数学的企図は崩壊したが，代数的可解性を左右するのは「根の相互関係」であるという認識と，解ける場合にはラグランジュの分解式を駆使することにより解法が進行するという具体的手順はそのまま生きている．

巡回方程式

　円周等分方程式をめぐるラグランジュの思索の姿を概観してただちに想起されるのは，ガウスが『アリトメチカ研究』の末尾の第7章「円の分割を定める方程式」において展開した円周等分方程式の理論である．ガウスは，**次数がどれほど高くても円周等分方程式はつねに代数的に可解である**という事実を証明することに成功した．ラグランジュは円周等分方程式の次数が7を越えた時

点で行き詰まったが,ガウスはラグランジュの行く手をはばんだ壁を軽々と乗り越えて,ラグランジュが到達しえなかった高みに到達したのである.

だが,ガウスはラグランジュと無縁の場所に成功の鍵を見い出したのではなく,代数方程式の解法理論のもっとも深い場所においてラグランジュの影響を受けている.それは,**代数方程式の代数的可解性を左右するのは根の相互関係である**という基本思想である.ガウスはこれをラグランジュに学び,ラグランジュと共有した.

何らかの仕方で根の相互関係が明示されると,代数的解法の試みが進展することがあるというのが,円周等分方程式の解法の場でド・モアブルが提示したアイデアに寄せて,ラグランジュが繰り広げた省察の帰結であった.奇素数 $n=2p+1$ に対し,次数 n の円周等分方程式 $x^n-1=0$ の解法は次数 p の方程式の解法に帰着されることをド・モアブルは示した.ラグランジュはこの事実の根拠の解明を試みて,方程式 $x^n-1=0$ の1以外の n 個の根の相互関係に着目した.それらの根は,α を1と異なる1の n 乗根とするとき,$1, \alpha, \alpha^2, \alpha^3, \cdots, \alpha^{n-1}$ という形に表示されるが,ラグランジュはこのように表される相互関係を観察し,そこにド・モアブルのアイデアの根源を認めたのである.

ラグランジュが着目した根の相互関係には,解くべき方程式の次数を半減させる力があるが,あらゆる次数にわたって代数的解法を導くほどの力はない.円周等分方程式が代数的に解けるか否かは,ひとえに解法を支えるに足る適切な「根の相互関係」の発見にかかっている.ガウスは数論的考察を通じてこれに成功した.

ガウスの成功の鍵をにぎるのは「原始根」の概念である.今,n

3. 円周等分方程式

は奇素数としよう．**フェルマの小定理**によると，n で割り切れない任意の数 a に対し，次々と a の冪 $a, a^2, a^3, \cdots$ を作っていくとき，次数 $n-1$ の冪 a^{n-1} まで進めば $a^{n-1}-1$ はつねに n で割り切れる．すなわち，合同式 $a^{n-1} \equiv 1$ が成立するが，a の冪の次数が $n-1$ よりも小さい次数 k に到達した時点ですでに，合同式 $a^k \equiv 1$ が成立するということが起りうる．数 a の性質に依拠する現象だが，このような現象がみられないような数 g を指して，**法 n に関する原始根**と呼ぶのである．一例として $n = 19$ を取り，$g = 2$ の冪を次々と作っていくと，19 を法として合同式

$$2^1 \equiv 2, \quad 2^2 \equiv 4, \quad 2^3 \equiv 8, \quad 2^4 \equiv 16$$
$$2^5 \equiv 13, \quad 2^6 \equiv 7, \quad 2^7 \equiv 14, \quad 2^8 \equiv 9$$
$$2^9 \equiv 18, \quad 2^{10} \equiv 17, \quad 2^{11} \equiv 15, \quad 2^{12} \equiv 11$$
$$2^{13} \equiv 3, \quad 2^{14} \equiv 6, \quad 2^{15} \equiv 12, \quad 2^{16} \equiv 5$$
$$2^{17} \equiv 10, \quad 2^{18} \equiv 1$$

が成立し，2 は冪指数 18 の冪にいたってはじめて 1 と合同になることがわかる．それゆえ，2 は法 19 に関する原始根である．他方，5 の冪を作ると，法 19 に関して合同式

$$5^1 \equiv 5, \quad 5^2 \equiv 6, \quad 5^3 \equiv 11, \quad 5^4 \equiv 17, \quad 5^5 \equiv 9$$
$$5^6 \equiv 7, \quad 5^7 \equiv 16, \quad 5^8 \equiv 4, \quad 5^9 \equiv 1$$

が成立し，冪指数 9 の冪を作った時点ですでに 1 と合同になることがわかる．これは，5 は法 19 に関して原始根ではないことを示している．

どのような奇素数 n に対しても，法 n に関する原始根はつねに存在する．ガウスに先立ってオイラーはすでに原始根の概念を手にしていたが，存在証明に成功した一番はじめの人物はガウスである．ガウスは 1801 年の著作『アリトメチカ研究』において，

この間の消息を詳細に叙述した．

前のように α は 1 と異なる 1 の n 乗根とし，法 n に関する原始根 g を用いると，方程式 $x^n-1=0$ の 1 以外の $n-1$ 個の根は

$$\alpha,\ \alpha^g,\ \alpha^{g^2},\ \alpha^{g^3},\ \cdots,\ \alpha^{g^{n-2}}$$

という形に表示される．そこで α の関数

$$\varphi(\alpha)=\alpha^g$$

を設定すると，この表示は

$$\alpha,\ \varphi(\alpha),\ \varphi^2(\alpha),\ \varphi^3(\alpha),\ \cdots,\ \varphi^{(n-2)}(\alpha)$$

という形になり，根の相互関係の姿が明瞭に看取される．この状況を指して，円周等分方程式は**巡回方程式**であるということがあるが，ガウスはこの相互関係を基礎にして，そこから円周等分方程式の代数的可解性を取り出した．

巡回方程式というのはクロネッカーが提案した呼称である．

19 次の円周等分方程式の代数的解法

ガウスにならって次数 19 の円周等分方程式 $x^{19}-1=0$ を代数的に解いてみよう．1 と異なる 1 の 19 乗根

$$\alpha=e^{\frac{2\pi\sqrt{-1}}{19}}=\cos\frac{2\pi}{19}+\sqrt{-1}\sin\frac{2\pi}{19}$$

を取り，法 19 に関する原始根として $g=2$ を採用する．既述のように，方程式 $x^{19}-1=0$ の 19 個の根のうち，1 以外の 18 個の根は $\alpha^{g^k}\ (k=0,1,2,\cdots,17)$ という形に表されるが，ガウスは α^{g^k} を $[g^k]$ という簡略記号で表した．$n=19$ に対し $n-1=18$ は $18=3\cdot3\cdot2$ と分解される．ガウスはこの事実を典拠として，

3. 円周等分方程式

次数19の円周等分方程式は二つの3次方程式とひとつの2次方程式の解法に帰着されることを示した．

ガウスが提案した簡略記号を用いると，18個の根は$[1]$, $[g]$, $[g^2]$, $\cdots$, $[g^{17}]$と表示される．この全体をガウスとともにΩで表そう．方程式を「一歩一歩段階を踏んで」(ガウスの言葉)解くことをめざし，まずはじめに$19-1=6\times 3$と分解されることに着目して18個の根の全体Ωを6個ずつの根から成る3個のグループ$(6, 1)$, $(6, g)=(6, 2)$, $(6, g^2)=(6, 4)$に区分けする．

$h=g^3(=8)$と置く．$(6, 1)$は6個の根$[1]$, $[h]$, $[h^2]$, $[h^3]$, $[h^4]$, $[h^5]$，すなわち$[1]$, $[7]$, $[8]$, $[11]$, $[12]$, $[18]$から成る．$(6, 2)$は6個の根$[g]$, $[gh]$, $[gh^2]$, $[gh^3]$, $[gh^4]$, $[gh^5]$，すなわち$[2]$, $[3]$, $[5]$, $[14]$, $[16]$, $[17]$から成る．$(6, 4)$は6個の根$[g^2]$, $[g^2h]$, $[g^2h^2]$, $[g^2h^3]$, $[g^2h^4]$, $[g^2h^5]$，すなわち$[4]$, $[6]$, $[9]$, $[10]$, $[13]$, $[15]$から成る．$(6, 1)$, $(6, 2)$, $(6, 4)$の各々を**6項周期**と呼ぶ．

6項周期を構成する6個の根の和を同じ記号で表記して，やはり6項周期と呼ぶことにする．すなわち，

$(6, 1) = [1]+[h]+[h^2]+[h^3]+[h^4]+[h^5]$
$\qquad = [1]+[7]+[8]+[11]+[12]+[18]$
$(6, 2) = [g]+[gh]+[gh^2]+[gh^3]+[gh^4]+[gh^5]$
$\qquad = [2]+[3]+[5]+[14]+[16]+[17]$
$(6, 4) = [g^2]+[g^2h]+[g^2h^2]+[g^2h^3]+[g^2h^4]+[g^2h^5]$
$\qquad = [4]+[6]+[9]+[10]+[13]+[15]$

と置き，これらを$p=(6, 1)$, $p'=(6, 2)$, $p''=(6, 4)$と表記する．

3個の量p, p', p''を根とする3次方程式

$$x^3 - Ax^2 + Bx - C = 0$$

を構成しよう．係数 A, B, C は

$$A = p + p' + p'', \quad B = pp' + pp'' + p'p'', \quad C = pp'p''$$

と表されるが，これらの値を定めるには，3個の量 p, p', p'' の間に認められるいくつかの相互関係に着目するとよい．まず，これらの量を構成する根をすべて合わせると Ω が形成され，さらに 1 を加えると 19 次の円周等分方程式の根の全体になるのであるから，根と係数の関係により，

$$0 = 1 + p + p' + p''$$

となることがわかる．次に，pp' を計算すると，

$pp' = ([1] + [h] + [h^2] + [h^3] + [h^4] + [h^5])([2] + [2h] + [2h^2] + [2h^3] + [2h^4] + [2h^5])$

$= [1+2] + [1+2h] + [1+2h^2] + [1+2h^3] + [1+2h^4] + [1+2h^5]$
$+ [h+2] + [h+2h] + [h+2h^2] + [h+2h^3] + [h+2h^4] + [h+2h^5]$
$+ [h^2+2] + [h^2+2h] + [h^2+2h^2] + [h^2+2h^3] + [h^2+2h^4]$
$+ [h^2+2h^5] + [h^3+2] + [h^3+2h] + [h^3+2h^2] + [h^3+2h^3]$
$+ [h^3+2h^4] + [h^3+2h^5] + [h^4+2] + [h^4+2h] + [h^4+2h^2]$
$+ [h^4+2h^3] + [h^4+2h^4] + [h^4+2h^5] + [h^5+2] + [h^5+2h]$
$+ [h^5+2h^2] + [h^5+2h^3] + [h^5+2h^4] + [h^5+2h^5]$

となる．ここで，法 19 に関して下記の合同式が成立する．

$h = g^3 \equiv 8, \quad h^2 = g^6 \equiv 7, \quad h^3 = g^9 \equiv 18, \quad h^4 = g^{12} \equiv 11, \quad h^5 = g^{15} \equiv 12$

$1 + 2h = 1 + 2g^3 \equiv 17, \quad 1 + 2h^2 = 1 + 2g^6 \equiv 15, \quad 1 + 2h^3 = 1 + 2g^9 \equiv 18, \quad 1 + 2h^4 = 1 + 2g^{12} = 23 \equiv 4, \quad 1 + 2h^5 = 1 + 2g^{15} \equiv 25 \equiv 6$

3. 円周等分方程式

$h+2=g^3+2\equiv 10$, $h+2h=g^3+2g^3\equiv 24\equiv 5$, $h+2h^2=g^3+2g^6\equiv 8+14\equiv 3$, $h+2h^3=g^3+2g^9\equiv 8+36\equiv 6$, $h+2h^4=g^3+2g^{12}\equiv 8+22\equiv 11$, $h+2h^5=g^3+2g^{15}\equiv 8+24\equiv 13$

$h^2+2=g^6+2\equiv 9$, $h^2+2h=g^6+2g^3\equiv 7+16\equiv 4$, $h^2+2h^2=g^6+2g^6\equiv 3g^6\equiv 21\equiv 2$, $h^2+2h^3=g^6+2g^9\equiv 7+36\equiv 5$, $h^2+2h^4=g^6+2g^{12}\equiv 7+22\equiv 10$, $h^2+2h^5=g^6+2g^{15}\equiv 7+24\equiv 12$

$h^3+2=g^9+2\equiv 1$, $h^3+2h=g^9+2g^3\equiv 18+16\equiv 15$, $h^3+2h^2=g^9+2g^6\equiv 18+14\equiv 13$, $h^3+2h^3=g^9+2g^9\equiv 18+36\equiv 16$, $h^3+2h^4=g^9+2g^{12}\equiv 18+22\equiv 2$, $h^3+2h^5=g^9+2g^{15}\equiv 18+24\equiv 4$

$h^4+2=g^{12}+2\equiv 11+2\equiv 13$, $h^4+2h=g^{12}+2g^3\equiv 11+16\equiv 8$, $h^4+2h^2=g^{12}+2g^6\equiv 11+14\equiv 6$, $h^4+2h^3=g^{12}+2g^9\equiv 11+36\equiv 9$, $h^4+2h^4=g^{12}+2g^{12}\equiv 11+22\equiv 14$, $h^4+2h^5=g^{12}+2g^{15}\equiv 11+24\equiv 16$

$h^5+2=g^{15}+2\equiv 12+2\equiv 14$, $h^4+2h=g^{15}+2g^3\equiv 12+16\equiv 9$, $h^5+2h^2=g^{15}+2g^6\equiv 12+14\equiv 7$, $h^5+2h^3=g^{15}+2g^9\equiv 12+36\equiv 10$, $h^5+2^4=g^{15}+2g^{12}\equiv 12+22\equiv 15$, $h^5+2h^5=g^{15}+2g^{15}\equiv 12+24\equiv 17$

これらの数値をあてはめて計算を進めていくと，

$$pp'=[3]+[17]+[15]+[18]+[4]+[6]+[10]+[5]\\+[3]+[6]+[11]+[13]+[9]+[4]+[2]+[5]$$

$$
\begin{aligned}
&\qquad +[10]+[12]+[1]+[15]+[13]+[16]+[2]+[4]\\
&\qquad +[13]+[8]+[6]+[9]+[14]+[16]+[14]+[9]\\
&\qquad +[7]+[10]+[15]+[17]\\
&=[18]+[11]+[12]+[1]+[8]+[7]+2([3]+[17]\\
&\qquad +[5]+[2]+[16]+[14])+3([15]+[6]+[4]\\
&\qquad +[10]+[13]+[9])\\
&=p+2p'+3p''
\end{aligned}
$$

となる.同様に計算して,$pp'' = 2p+3p'+p''$, $p'p'' = 3p+p'+2p''$.これらを合わせると,
$$B = 6(p+p'+p'') = -6$$
が得られる.

最後に,上記の計算と同様にして,前もって等式 $p''p'' = 6+2p''+p+2p'$ を求めておくと,
$$
\begin{aligned}
C &= pp'p'' = (p+2p'+3p'')p'' = pp''+2p'p''+3p''p''\\
&= (2p+3p'+p'')+2(3p+p'+2p'')+3(6+2p''+p+2p')\\
&= 18+11(p+p'+p'') = 18-11 = 7
\end{aligned}
$$
が得られる.それゆえ,p, p', p'' を根とする3次方程式は
$$x^3+x^2-6x-7 = 0$$
である.シピオーネ・デル・フェッロとタルタリアの解法を適用してこれを解くと,3個の量 p, p', p'',すなわち $(6,1), (6,2), (6,4)$ の値が得られる.

3個の6項周期の各々は3個ずつの**2項周期**で構成されている.すなわち,周期 $(6,1)$ を構成する6個の根 $[1]$, $[18]$, $[8]$, $[11]$, $[7]$, $[12]$ を二つずつ組み合わせ,$[1]$ と $[18]$,$[7]$ と $[12]$,$[8]$ と $[11]$ という3個の組を作る.それらをそれぞれ $(2,1), (2,7)$,

(2, 8)と表記して、**2項周期**と呼ぶのである．あるいは、6項周期の場合と同様、2項周期を構成する2根の和のことを、言葉を流用してやはり2項周期と呼ぶこともある．すなわち、$(6, 1) = (2, 1) + (2, 7) + (2, 8)$. 同様に、他の2個の6項周期も$(6, 2) = (2, 2) + (2, 16) + (2, 14)$, $(6, 4) = (2, 4) + (2, 13) + (2, 9)$と3個ずつの2項周期を合わせた形に表される．ここで$(2, 2)$は$[2]$と$[17]$, $(2, 16)$は$[3]$と$[16]$, $(2, 14)$は$[5]$と$[14]$, $(2, 4)$は$[4]$と$[15]$, $(2, 13)$は$[6]$と$[13]$, $(2, 9)$は$[9]$と$[10]$の集りである．

前節において3個の6項周期 $p = (6, 1)$, $p' = (6, 2)$, $p'' = (6, 4)$ を根とする3次方程式を構成したが、そのときの計算と同様の計算を行うことにより、周期$(6, 1)$を作る3個の2項周期 $q = (2, 1)$, $q' = (2, 7)$, $q'' = (2, 8)$ を根とする3次方程式を作ることができる．実際、計算を遂行すると、

$$q + q' + q'' = (6, 1) = p,$$
$$qq' + qq'' + q'q'' = (6, 1) + (6, 4) = p + p'',$$
$$qq'q'' = 2 + (6, 2) = 2 + p'$$

となることが判明する．それゆえ、求める方程式は

$$x^3 - px^2 + (p + p'')x - 2 - p' = 0$$

となる．そこでシピオーネ・デル・フェッロとタルタリアの解法を用いてこれを解くと、3個の2項周期 q, q', q'' の値が手に入る．他の2個の6項周期$(6, 2)$, $(6, 4)$を構成する2項周期の値も、同様の手順を踏んで求めることができる．

2項周期を構成する2個の根は2次方程式を解くことによって求められる．たとえば2項周期$(2, 1) = [1] + [18]$を例に取ると、$[1] \times [18] = [19] = 1$であるから、$[1]$と$[18]$は2次方程式

$$x^2 - (2, 1)x + 1 = 0$$

を満たす．これを解けば[1]と[18]の値が得られる．

第一の3次方程式を解いて6項周期の値が確定し，それらを手持ちにしたうえで第二の3次方程式を解いて2項周期の値を定め，最後に2次方程式を解くことにより根そのものの値が求められた．ガウスはこのようにして円周等分方程式を解くことに成功した．提示された方程式の解法を一系の低次方程式の系列に分解し，段階を踏んで一歩ずつ歩むことにより根の値に接近するのがガウスの手法だが，この道筋は3次と4次の方程式の解法に寄せるラグランジュの「省察」の帰結とそっくりである．ガウスに及ぼされたラグランジュの陰影は，このような場面において色濃く感知されるのである．

円周等分方程式の解法
(1) 補助方程式の系列の構成

ガウスの著作『アリトメチカ研究』は全部で7個の章で編成され，通し番号を打たれた366個の小節に区分けされている．円周等分方程式論が展開される第7章は第335節から第366節までの34個の節で構成されているが，そのうち第352節から第354節までの3個の節は「方程式 $X=0$ の解法は上記の研究を土台として，その上に建設される」という通しの小見出しのもとで叙述が続いていく．方程式 $X=0$ の X というのはガウスに独自の記号で，x^n-1 を $x-1$ で割って生じる商，すなわち多項式 $\dfrac{x^n-1}{x-1}=x^{n-1}+x^{n-2}+\cdots+x+1$ のことである．ガウスはこの方程式を解く道筋を示したが，その様相は $n=19$ の場合に例を求めて示した通りである．

3. 円周等分方程式

一般の場合にも解法の手順は同様である．今，n は奇素数とし，法 n に対する原始根 g を取る．$n-1$ の素因子を任意の順序に配列し，それらを $\alpha, \beta, \gamma, \cdots, \zeta$ として，

$$\frac{n-1}{\alpha} = \beta\gamma\cdots\zeta = a, \ \frac{n-1}{\alpha\beta} = \gamma\cdots\zeta = b, \ \cdots$$

と置こう．方程式 $X = 0$ の根の全体を α 個の a 項周期に分け，それらの a 項周期の各々を再度 β 個の b 項周期に分ける．そうしてその各々の b 項周期をもう一度 γ 個の周期に区分けする．以下も同様にしてこの手順を続けていく．

まずはじめに α 個の a 項和を根とする次数 α の方程式 (A) が定まる．そこでこれを解くと，α 個の a 項和の値が確定する．次に β 個の b 項和を根とする次数 β の方程式 (B) が定まる．α 個の a 項和の値を求めておけば，方程式 (B) の係数はすべて既知量であり，これを解けば β 個の b 項和の値が確定する．以下も同様に続けて，一歩また一歩と歩を進めていけば，最後に方程式 $X = 0$ の根のすべてが手に入る．$n = 19$ の場合には $n-1 = 19$ は $19 = 3\cdot 3\cdot 2$ と素因子に分解されるから，既述のように方程式 $X = 19$ の解法は 2 個の 3 次方程式と 1 個の 2 次方程式の解法に帰着される．

ガウスは $n = 19$ の場合とともに，$n = 17$ というもうひとつの場合の解法を例示した．この場合には $n-1 = 17-1 = 16 = 2^4$ となり，$n-1$ は 2 の 4 次の冪に分解されるから，方程式 $X = 0$ の解法は 4 個の 2 次方程式の解法に帰着され，それらを順に解いていくことによりすべての解が手に入る．すなわち，最終的に得られる根の表示式は加減乗除のほかに平方根のみを用いて組み立てることができるのである．これを幾何学の言葉で言い換えると，**定規とコンパスのみを用いて円周の 17 等分点を指定するこ**

とができるということにほかならない．ガウスはこの事実を 18 歳のときに発見し，1796 年 3 月 30 日，数学日記の冒頭に書き留めた．

実際には 17 等分というのは氷山の一角にすぎず，いっそう一般にフェルマ素数 n を取り上げるとき，次数 n の円周等分方程式の解法は一系の 2 次方程式の解法に帰着される．フェルマ素数というのは 2^n+1 という形の素数のことで，フェルマははじめこのような形の数はすべて素数であると主張した．オイラーが反例を見つけて，この主張は覆されたが，フェルマにちなんで「フェルマ素数」の名が残されたが，円周等分方程式の解法の場にフェルマ素数が登場したのは想像の力をはるかに超越し，あまりにもめざましい現象である．

こうして円周等分方程式の解法は一系の補助方程式の解法に帰着され，この還元手順の力を借りて，次数が 19 の場合やフェルマ素数の場合には代数的に解くことができるようになった．その結果，代数的に解ける方程式の範疇は大きく広がったが，円周等分方程式の代数的可解性がこれで一般的に確立されたのかといえば，この点はまだわからない．

代数的解法とは何か　ガウスの代数方程式論

1899 年，ガウスはヘルムシュテット大学に学位取得論文

「一個の変化量のすべての整有理代数関数は，一次または二次のいくつかの実因子に分解可能であるという定理の新しい証明」

3. 円周等分方程式

を提出した．ガウスの学位論文はいわゆる「代数学の基本定理」を証明した作品だが，そこには代数方程式論に寄せるガウスの所見が表明されている．代数方程式を代数的に解くというのはどのようなことかといえば，与えられた方程式を，

$$x^k = a$$

という形の一系の方程式の解法に帰着させる道筋を示すことにほかならない．この形の方程式を指して，ガウスは**純粋方程式**と呼んでいるが，この方程式なら a の k 次の冪根を作ることにより x の数値が求められる．そこで階段を一歩ずつのぼっていけば，数域が次第に拡大されていって，一番はじめに提示された方程式の根の冪根による表示に到達する．これが，代数的に解けるという現象の具体的な姿である．3次方程式の場合を回想すると，次数2と次数3の純粋方程式を次々と解くことにより，根の表示が得られたのであった．

どれほど高次数の方程式が提示されたとしても，円周等分方程式のように，その解法が一系の純粋方程式の解法に帰着されるという現象は実際に起りうる．だが，ガウスは学位論文において，そのようなことがつねに起るとはとうてい考えられないと明言した．すなわち，ガウスは(次数が4を越える)高次方程式に対しては解の公式が存在しないことを，早くから確信していたのである．『アリトメチカ研究』でも同主旨の言葉が繰り返されている．ガウスはこう言っている．

　　よく知られているように，4次を越える方程式の一般的解法，言い換えると，混合方程式の純粋方程式への還元をみいだそうとする卓越した幾何学者たちのあらゆる努力は，これまでのところつねに不首尾に終わっていた．そうして

この問題は，今日の解析学の力を越えているというよりは，むしろある不可能な事柄を提示しているのである．これはほとんど疑いをさしはさむ余地のない事態である．（第7章「円の分割を定める方程式」，第359条より．「混合方程式」は純粋方程式ではない方程式の意で，一般的な形の方程式のこと．）

ここに明示されたのは，方程式の解法が一系の純粋方程式の解法に帰着されることを指して代数的可解性と理解するという，きわめて具体性の高い認識である．ラグランジュは「省察」において3次と4次の方程式の解法のからくりを明らかにしたが，ガウスの認識にはラグランジュの影響がありありと感知される．実際，ガウスが円周等分方程式の代数的可解性を示した道筋を観察すると，論証の根本においてラグランジュの思索の道筋がそのまま再現されている．

ガウスは十代の若い日にラグランジュの「省察」にさらに省察を加え，代数的可解性を左右するもの（根の相互関係）と代数的可解性が現れる際の具体相（一系の純粋方程式への還元）をめぐって思索を深めていった．代数方程式論の根幹を作る契機において，ガウスに及ぼされたラグランジュの影響の相は明瞭に感知されるのである．だが，ガウスはラグランジュの「省察」をひとことも語らない．一見して不可解な印象があるが，その原因はおそらく代数的解法の可能性をめぐって両者の判断が分かれたためではないかと思う．ラグランジュは高次数の一般方程式の代数的可解性に確信があった模様だが，ガウスの認識は正反対であった．もっとも基本的な論点で判断が分かれた以上，ガウスはラグランジュを引用する必要を認めなかったのであろう．

3. 円周等分方程式

「解ける」から「解けないへ」
ガウスの代数方程式論(続)

　代数方程式論の歴史的経緯を振り返り，ラグランジュの「省察」までを前夜とみなすのであれば，アーベルの「不可能の証明」とガロア理論の構築をもって代数方程式論の夜明けと見るのが至当であろう．だが，ラグランジュとアーベル，ガロアの間にはもうひとり，ガウスがいる．

　ガウスは早い時期から代数方程式論に心を寄せていた模様だが，初期の思索の痕跡は十代の終わり掛けの「数学日記」にすでに現れている．次に引くのは「数学日記」の第 37 番目の項目である．

> 　方程式の一般的解法を探究して，おそらくはそれを見つけることを可能にしてくれる新しい方法．すなわち，方程式は，
> $$\alpha\rho' + \beta\rho'' + \gamma\rho''' + \cdots$$
> を根とする他の方程式に変換される．ここで，
> $$\sqrt[n]{1} = \alpha, \beta, \gamma, \cdots$$
> である．n は方程式の次数を表す．
>
> 　　　　　　　　　　　　　　　　[1796 年]9 月 17 日

　提示された方程式の次数を n とし，その根を $\rho', \rho'', \rho''', \cdots$ で表して，それらの各々に 1 の n 乗根を乗じて加えた式がここに現れている．これはラグランジュの分解式にほかならない．1791 年のことになるが，ミヒェルゼンという人がオイラーの著作『無限解析序説』のドイツ語訳を刊行した．その際，「代数方程式の理論　オイラーとラグランジュの著作から」というタイトルの附録

を添えたが，そこにはラグランジュの論文「省察」のドイツ語訳も収録されていた．ガウスはそれを読み，ラグランジュの代数方程式論を認識したのである．

　「数学日記」の第37項目の記事は，「方程式の一般的解法を探究して，おそらくはそれを見つけることを可能にしてくれる新しい方法」の発見を告げるかのように読みとれる．ガウスといえどもはじめから「一般に代数的解法は不可能であること」を確信していたわけではなく，ラグランジュの分解式に示唆を得て解法の探究を続け，「解ける」という確信を抱いた一時期があったのであろう．「数学日記」の第37項の日付は1796年9月17日．当日の所在地は故郷のブラウンシュヴァイクである．ガウスは満19歳．ちょうどゲッチンゲン大学に入学して第一年目が過ぎたころで，帰省中であった．

　「数学日記」の第37番目の項目が書き留められてから一ヶ月が過ぎて，ガウスはまた代数方程式論に言及した．次に引くのは第41項目の記事である．

> 方程式の乗法子に関して，ある種の事柄が出現し，いくつかの項が消去されることになったが，これはすばらしい出来事を約束している．
> 　　　　　　　[1796年]10月16日　ブラウンシュヴァイク

　記事の内容の数学的な意味合いは必ずしも明確とは言えないが，全体として代数方程式の解法に向けて明るい展望が語られているような印象がある．代数方程式の「乗法子」の原語は *multiplicatores* だが，「いくつかの項が消去される」と言われているところに着目すると，チルンハウス変換への回想を誘われる．

3. 円周等分方程式

それが約束する「すばらしい出来事」というのは，一般代数方程式の解法の発見を指すのであろう．少なくとも代数方程式は「つねに代数的に解ける」というガウスの確信が揺らいだ気配は見られない．1796年10月16日のガウスの所在地は依然としてブラウンシュヴァイクである．

だが，確信の姿形はまもなく変容し，今度は「解けない」こと，すなわち「次数が4を越える一般代数方程式の代数的解法は不可能である」ことを確信することになった．次に引くのは遺稿「剰余の解析」に書き留められたガウスのメモである．

> 幾人ものすぐれた幾何学者の努力が繰り返されたにもかかわらず，方程式の一般的解法（言い換えると，純粋方程式への還元）が可能であるという希望はまったく残されていないように思われる．だが，方程式 $x^n - 1 = 0$ の解法により導かれていくあらゆる方程式は，解くことができるか，あるいは同次数の純粋方程式に還元することができることはきわめて注目に値する…

このメモの中の「言い換えると，純粋方程式への還元」のところにさらにメモが附されている．それによると，ガウスはこの還元の実現に向けて多大な努力を重ねてきたが，そのあげくに「不可能であることはほとんど確実である」という考えに到達したという．しかもこの「不可能であること」の厳密な証明にも成功し，他の機会に公表する考えであったとも言われている．そのメモが記された時期は必ずしも明確ではないが，「数学日記」の第37項目が書かれた年の翌年，1797年までの出来事であるのは間違いない．「解ける」から「解けない」へ．方程式の代数的解法に寄せ

るガウスの確信は根本的に転換した．ガウスは後年のアーベルとまったく同じ道筋をたどったのである．

ガウスの「数学日記」というのは，ガウスが数学研究のおりおりに書き留めた手控帳のことであり，全部で146個の記事が並んでいる．日付と所在地が明記されているところに特徴があり，概観するとガウスの数学研究の歩みが手に取るように明らかである．存在が知られたのは1898年の夏のことで，ガウスの孫のカール・アラグスト・アドルフ・ガウス(1849–1927年)が保管していた数学日記を，パウル・シュテッケル(1862–1919年)が発見した．シュテッケルはガウスの全集の編纂に尽力したドイツの数学者である．

円周等分方程式の代数的解法
(2) 補助方程式を純粋方程式に還元する

『アリトメチカ研究』の第7章の末尾の二節，第359節と第360節には「根 Ω を見つけるのに用いられる方程式の，純粋方程式への還元」という小見出しが付けられている．ガウスはここで円周等分方程式の解法に用いられる補助方程式は代数的に可解であることを証明した．円周等分方程式の代数的可解性がこれで確定したが，ここで見逃すことができないのはガウスが採用した証明の手法である．ガウスは「ラグランジュの分解式」に手掛かりを求めたのである．ただし，ここでもまたラグランジュへの言及は見られない．

ガウスとともに直面している問題の根幹の部分を回想してみよう．n は奇素数，g は法 n に関する原始根とし，$n-1$ は3

3. 円周等分方程式

個の正整数 α, β, γ の積に分解するとしよう．α 個の $\beta\gamma$ 項和 $(\beta\gamma, 1), (\beta\gamma, g), (\beta\gamma, g^2), \cdots, (\beta\gamma, g^{\alpha-1})$ は既知として，ここから γ 項和を導出することが問題の焦点である．根の周期の理論により，この和は次数 β の混合方程式を解くことによって求められたが，それを第一の解法として，今度は次数 β の純粋方程式の解法に帰着されることを示そうというのである．

$\beta\gamma$ 項和 $(\beta\gamma, 1)$ は β 個の γ 項和

$$(\gamma, 1), (\gamma, g^\alpha), (\gamma, g^{2\alpha}), \cdots, (\gamma, g^{(\beta-1)\alpha})$$

で構成されている．これらをそれぞれ $a, b, c, \cdots, m$ で表す．また，R は方程式 $x^\beta - 1 = 0$ の根を表すものとして，β 個の和

$$\begin{aligned}
t &= a + Rb + R^2 c + \cdots + R^{\beta-1} m \\
t' &= a + R^2 b + R^4 c + \cdots + R^{2\beta-2} m \\
t'' &= a + R^3 b + R^6 c + \cdots + R^{3\beta-3} m \\
\cdots &= \cdots \cdots
\end{aligned}$$

を考える．これらはラグランジュの分解式そのものにほかならない（一番最後の β 番目の和は $a+b+c+\cdots+m = (\beta\gamma, 1)$ となるが，これは既知量である）．

ガウスはまず和 t の β 次の冪 T を作り，T は既知量になることを示した．それゆえ，t の値は純粋方程式 $t^\beta = T$ を解くことにより，言い換えると代数的に確定する．次に $t^{\beta-2} t'$ の β 次の冪 T' を作ると，それもまた既知量であり，その結果，$t' = \dfrac{T' t^2}{T}$ の値が確定する．同様に計算を進めていくと，β 個の $t, t', t'', \cdots$ の値のすべてが手に入る．しかもそれらはみな代数的に獲得されるのである．

この計算の結果を踏まえると，等式

$$\begin{aligned}
\beta a &= t &&+ t' &&+ t'' &&+ \cdots \\
\beta b &= R^{\beta-1}t &&+ R^{\beta-2}t' &&+ R^{\beta-3}t'' &&+ \cdots \\
\beta c &= R^{2\beta-2}t &&+ R^{2\beta-4}t' &&+ R^{2\beta-6}t'' &&+ \cdots \\
\beta d &= R^{3\beta-3}t &&+ R^{3\beta-6}t' &&+ R^{3\beta-9}t'' &&+ \cdots \\
\cdots &= \cdots\cdots
\end{aligned}$$

により，β個のγ項和$a, b, c, \cdots, m$の値が得られる．これがガウスの解法のあらすじだが，回想すると，論証の出発点にラグランジュの分解式が配置されたという事実の印象が際立っている．ラグランジュはラグランジュの分解式に着目して高次方程式の代数的可解性を示そうとし試みて失敗したが，ラグランジュのアイデアはガウスに継承された．一般の方程式を代数的に解くのは不可能だが，円周等分方程式のように代数的に解ける高次方程式もまた存在する．解ける方程式が解けることを示そうとする場において，ラグランジュのアイデアは本来の力をよく発揮することを，ガウスはありありと示したのである．

代数方程式論の二つの基本問題

「不可能の証明」を当然視したガウスは，同時に，どれほど次数の高い方程式であっても代数的に解けるものが存在することを承知していた．これを言い換えると，代数的に解けるか否かを左右する根本的な要因は次数ではなく，個々の方程式に備わっている何かある特定の性質であることを自覚していたということにほかならない．ガウスは代数的可解性を左右する要因そのものを具体的に明示することはなかったが，円周等分方程式の代数的解法の手順を示すこと自体を通じて，代数方程式論の二つの基本

3. 円周等分方程式

問題の所在地をこのうえもなく明瞭に指し示したのである．繰り返しをいとわずに強調しておくと，二つの基本問題というのは次に挙げる二問題である．

(1)「不可能の証明」の遂行．すなわち，5次以上の一般の代数方程式は解の公式をもたないことを証明すること．

(2) 代数的可解性を左右する根本的要因を明示すること．

　問題(1)はまずはじめにアーベルが解決したが，アーベルによる証明の基礎を構成するのは，「代数的に解くというのは，一系の純粋方程式を順々に解いていくということである」というガウスの基本認識であった．アーベルに続いてガロアによるガロア理論が出現した．ガロア理論を円周等分方程式に適用すると，円周等分方程式の代数的可解性が明らかになるが，そのプロセスを観察すると，ガウスが円周等分方程式を代数的に解いた道筋がそのまま再現されていく．アーベルとガロアの二つの代数方程式論には，根幹においてガウス影響がありありと感知されるのである．

　問題(2)に移り，代数方程式の代数的可解性を左右するものは何かと率直に問えば，ガウスなら「根の相互関係」と明快に答えることであろう．ガウスはそのような言葉をその通りに口にしているわけではないが，円周等分方程式の取り扱い方を見れば，ガウスの心情は読む者の心に手に取るように伝わってくるのである．円周等分方程式は今日のいわゆる**巡回方程式**だが，ガウスはこの点に着目することにより，円周等分方程式を代数的に解くことができた．アーベルはこの点においてまたもガウスに学び，巡

回方程式よりも一般的な**アーベル方程式**という概念を発見し，**アーベル方程式は代数的に可解である**ことを証明した．

ラグランジュの「省察」を見れば，ラグランジュが問題(2)を認識していたのはまちがいない．ラグランジュの認識の様相はガウスほど明瞭ではないが，カルダノ以来の長い経緯を回想し，代数方程式論の根柢にこのような基本問題が横たわっていることを感知して示唆した一番はじめの人は，疑いもなくラグランジュである．さすがにおそるべき思索の力である．

円周等分方程式論と整数論

ラグランジュの代数方程式論は3次と4次の方程式の解の公式の由来を探求しようとするところに本領があり，高次方程式の解法に接近しようとする情熱は感じられるものの，代数的可解性の本性に寄せて明快な自覚に裏打ちされたガウスの認識や，アーベルの「不可能の証明」のような高みに到達するまでにはなお相当の距離が感じられる．あるいはむしろ，「省察」の全体を通じて受ける印象では，ラグランジュは一般の代数方程式の代数的可解性を確信し，代数的に解く道筋を模索していたのではないかと思われるのである．

ラグランジュが円周等分方程式の解法を試みているところはいかにも不思議で，何かしら深遠なものの片鱗が感知されるが，実際に遂行されたのは，3次方程式の解法に帰着されることになる7次の円周等分方程式を解くところまでにすぎなかった．円周等分方程式の諸根の間に認められる相互関係に着目してド・モアブルの解法理論のアイデアを解明したことに見られるように，深遠

3. 円周等分方程式

な思索に沈潜しながらも，全体として初歩的な段階にとどまっているという印象は否めない．

それでもラグランジュの「省察」をガウスの円周等分方程式論の雛形と見ることは十分に可能であり，若い日のガウスが大きな影響を受けなかったとはとうてい考えられないところである．では，ガウスはなぜ「省察」に言及しなかったのであろうか．この論点に応える仮説のひとつは，高次方程式の代数的解法の可能性について判断が分かれたためであろうということで，既述の通りである．これに加えてもうひとつ，ガウスの円周等分論の真のねらいが，実は整数論にあったためではないかという仮説を提示しておきたいと思う．

ガウスの場合，円周等分方程式論は代数方程式論の特殊な一領域なのではなく，あくまでも整数論の一環であった．ガウスの円周等分方程式論が『アリトメチカ研究』という書名をもつ書物の第7章に配置されたことが，この間の消息を何よりも雄弁に物語っている．『アリトメチカ研究』に始まるガウスの数論のテーマは何かといえば，「相互法則の探求」と簡潔にひとことをもって言い表されるが，円周等分方程式論がどうして相互法則と関係があるのかといえば，この理論の中に，今日**ガウスの和**と呼ばれる有限和が登場し，その総和を求めることを通じて平方剰余相互法則の証明が得られるという状況が認められるからである．ガウスは早くからこの事実に気づいたようで，『アリトメチカ研究』の第7章の時点ですでにガウスの和の絶対値を求めようとして成功した．正確な数値を求めるために残されているのは符号の決定だけになったが，これはきわめてむずかしく，『アリトメチカ研究』の出版までには間に合わなかった．そのため，円周等分論の真意がいくぶんぼやけてしまう事態になったが，ガウスの究明はその

後も続き，1811年の論文「ある種の特異な級数の和」においてようやく成功した．これに伴って，当初のねらいの通り，平方剰余相互法則の新たな証明が獲得された．

　ガウスの和というのは，いわば「有限フーリエ級数」というおもむきのある形の和で，正弦や余弦を用いて組み立てられている．

　円周等分方程式論と整数論の間にこのような関係が認められるとは，ラグランジュには思いもよらないことであったであろう．しかもガウスの本来のねらいはまさしくその点にあったのであるから，ガウスにはラグランジュを語る理由がなかったのではないかと思う．ガウスはラグランジュの影響を全面的に受けながら，しかも単なる継承者ではなく，ラグランジュには片鱗も見られない斬新な方向に踏み出していった．ガウスの数学的思索というのは万事がこんなふうで，きわめて神秘的である．

ラグランジュとガウス　二通の手紙

　ジョゼフ・ルイ・ラグランジュは晩年をパリですごしたため，どことなくフランスの数学者のような感じがあるが，生地はイタリアのトリノであり，生誕日は1736年1月25日である．トリノはサルディニア王国の首都で，サルディニア王国というのは北部イタリアのピエモンテ地方を統治していた国である．オイラーがベルリンの科学アカデミーを離れた後，招聘されてオイラーの後継者になり，数学部門の長に就任した．就任の日付は1766年11月6日と記録されているが，このときちょうど満30歳である．論文「省察」を執筆したのもベルリン時代であった．

　ベルリン滞在は20年ほど続いたが，1787年5月18日，ベル

3. 円周等分方程式

リンを離れてパリに向かった．1813年4月10日，パリで亡くなったが，こうして生涯を概観するとラグランジュの人生はインターナショナルというか，どこの国というよりも，「ヨーロッパの数学者」という印象を強く受けるのである．

1801年のラグランジュは65歳になっていたが，この年，ガウスの著作『アリトメチカ研究』が刊行された．ガウスは24歳であった．ラグランジュはこの書物の第7章の円周等分方程式論を見て感嘆したという話が伝えられているが，この出会いには何かしら神秘の影が射しているような印象が伴っている．円周等分方程式の理論の舞台の上に，ラグランジュとガウスの二人にしかわからない場が開かれたのであろう．

ラグランジュ全集は全14巻という大きな著作集だが，第14巻は書簡集にあてられていて，おびただしい数の手紙が収録されている．その中にガウスへの2通の手紙が存在する．一通は1804年5月31日付で，1736年1月25日に生まれたラグランジュはこのとき68歳．ガウスは27歳である．もう一通は1808年4月17日付で，ラグランジュは72歳，ガウスもまた30歳（満年齢．4月30日で31歳）になっていた．わずか2通ではあるが，ラグランジュは数学者として今しも出発しようとしていた若い日に，オイラーに宛てて一通の手紙を書き，研究の成果を報告したことのある人物である．オイラーの没後，今度はラグランジュとガウスの間で手紙が交わされた情景を回想すれば，数学は人から人へときわめて具体的な形で手わたされていく学問であることがしみじみと思われて，感慨もまた新たである．

ラグランジュ全集，巻7に出ている註記によると，2通の手紙の所在地はゲッチンゲンの科学協会である．ラグランジュの全集を編纂するために借用を申し入れたところ，シェリングが手紙を

添えて快く送付してくれたい．シェリングは最初のガウス全集の編纂者である．一通目の手紙の日付はもともと「4月17日」とだけ記されていたようで，これはラグランジュ自身が記入したのである．ところがシェリングが送ってきた手紙には「1804年」の一語も見られた．シェリングの註記によると，これはガウスが書き添えたのだということである．

一通目の手紙にはガウスの天文学への貢献に寄せる賛辞が見られるが，ガウスの著作『アリトメチカ研究』も話題にのぼっている．「あなたの *Disquisitiones*（註．『アリトメチカ研究』の原語表記は *Disquisitiones arithmeticae*）はたちまちのうちにあなたを第一級の幾何学者たちの系列に列しました」とラグランジュはこの作品をほめたたえ，「最後の章の内容は，ずっと以前からなされてきたもっとも美しい解析学の発見と思う」と言い添えた．『アリトメチカ研究』の最後の章といえば円周等分方程式を論じた第7章を指すが，ラグランジュの心をもっとも強く打ったのはこの章のようであった．

代数的可解性の基本原理をめぐって

ラグランジュからガウスへの二通目の手紙を見ると，「あの美しい発見をした人」という言葉が目に留まる．これはガウスその人を指す言葉である．手紙の冒頭で，ラグランジュは代数方程式論をテーマとした著作『方程式の解法概論　附．代数方程式論のいくつかの論点に関するノート』（ラグランジュ全集，巻8の全体を占めている．1808年，第2版が刊行された）をガウスのもとに送付したことを伝えているが，その際，「あの美しい発見をした

3. 円周等分方程式

人」に自分の著作を謹呈することができるのは栄誉なことであると，40歳以上の年下のガウスに向かって謙虚な挨拶を送ったのである．

『方程式の解法概論』の附録ではこの方面で「省察」以降に起ったあれこれの出来事が概観されているが，そこにはガウスの円周等分方程式論も取り上げられている．

ラグランジュのいうガウスの「美しい発見」というのは，ラグランジュの言葉をそのまま写すと，「二項方程式の解法を3次と4次の方程式の解法の原理と同じ原理に帰着させた」という事実の発見を指している．「二項方程式」というのは円周等分方程式 $x^n-1=0$ のことにほかならず，この方程式の左辺が2個の項で構成されているところに着目してこの名で呼んだのである．ガウスは円周等分方程式をいくつかの低次数の「純粋方程式」（ガウスの用語），すなわち $x^k=a$ という形の一系の方程式の解法に組織的に帰着させる手順を示したが，その道筋はラグランジュが3次方程式と4次方程式の解の公式に省察を加えて明らかにしたものと似たところがある．そこでラグランジュは「（ガウスは）3次方程式と4次方程式を解くのと同じ原理に帰着させた」と言い，これを「美しい発見」と呼んで賞賛したのである．

『アリトメチカ研究』のテーマはどこまでも平方剰余相互法則であり，円周等分方程式論の真意もまたそこにあるのであるから，ラグランジュの手紙に平方剰余相互法則への言及がまったく見られないのはかえって奇妙な感じさえ漂っている．低次数の円周等分方程式であればラグランジュも代数的解法に成功したが，その工夫を適用できるのは低次数の円周等分方程式に対してのみであった．これに対しガウスが示した手法はどれほど高い次数であってもあらゆる円周等分方程式に対して等しく適用可能

であり，しかもいっそう根源的に，そもそも方程式が代数的に解けるというのはどのようなことなのかという根本原理が明示されたのであるから，ラグランジュが驚嘆したのも無理からぬことであった．

4

ニールス　ヘンリック　アーベル

4. ニールス・ヘンリック・アーベル

数学のきづな

　ラグランジュからガウスへ．それ以前には，オイラーからラグランジュへ．さらにその前に目をやると，ヨハン・ベルヌーイからオイラーへ，フェルマからオイラーへ．ライプニッツからベルヌーイ兄弟（兄のヤコブと弟のヨハン）へ，等々，数学という学問が人から人へと継承されて生き生きと生い立っていく情景が目に鮮やかである．本当に小さな世界のひとつひとつが連なっていく中で日時が流れ，ふと気がつくと峨々たる山脈が形成されてぼくらの眼前のそびえている．数学的世界のはじまりはいつでも小さく作られるのである．

　オイラーは晩年，視力が衰えてほぼ完全に失明したため，数学研究の助手が必要になり，郷里のバーゼルからニコラウス・フスという天才少年を呼び寄せた．この当時のオイラーの所在地はロシアのペテルブルクで，フスが到着したのは 1773 年 5 月と記録されている．フスは 1755 年 1 月 30 日に生まれた人であるから，このとき満 18 歳である．それから 10 年がすぎて 1783 年 9 月 18 日にオイラーが亡くなった．孫に数学を教えていたときのことで，脳出血に襲われたのである．フスもまたその場に居合わせた．意識を失う前に「死ぬよ」とつぶやいたと言われているが，そんなエピソードを伝えたのもフスである．オイラーは満 76 歳であった．

　オイラーの没後，フスはペテルブルクに留まり，晩年，すなわち 1800 年から 1826 年までの間，ペテルブルクの科学アカデミーのパーマネントセクレタリーであった．事務方の最高責任者というほどの地位であろう．この時期のある日，フスはガウスに

手紙を書き，科学アカデミーに招聘した．ガウスはこの誘いに魅力を感じた模様だが，結局，一通の手紙を書いて謝絶した．その手紙の日付は 1803 年 4 月 4 日であるから，すでに『アリトメチカ研究』(1801 年) が刊行された後のことであった．フスは新進の数学者ガウスにねらいを定めてペテルブルクに誘いをかけたのだが，そのフスはオイラーをよく知る人であったところに，偶然とは言えない縁(えにし)が感じられるのである．1777 年 4 月 30 日に生まれたガウスは，オイラーが世を去った時点ではまだ満 6 歳の少年であった．生前の交友はありえないが，オイラーの晩年の助手のフスが，ヨーロッパ近代の数学の泉となったこの二人の人物を繋ぐ架け橋になろうとしたのである．

フスはオイラーの娘と結婚したので，縁戚関係も成立した．パウル・ハインリッヒ・フスという子どもがいて，オイラーの孫のひとりだが，生年は 1798 年であるから (1855 年没)，オイラーが亡くなった日にいっしょだった孫とは別の人物である．ちなみに父ニコラウスは 1826 年の年初，1 月 4 日に亡くなった．

今日，オイラーの論文と著作にはエネストレームナンバーと呼ばれる通し番号が附されて整理されている．これはスウェーデンの数学史家エネストレームの仕事だが，エネストレーム以前には「フスナンバー」と呼ばれる目録が存在した．それはハインリッヒ・フスが作成した目録で，オイラーの諸作品がテーマ別に分類され，番号が打たれている．総計 756 篇．全 866 篇をおさめるエネストレームの目録に比べると少な目だが，オイラーが学問の世界で成し遂げたことのすべてを集大成しようとする一番はじめの試みであり，値打ちがある．

エネストレームの目録はフスの目録とは違い，年代順に配列されている．

4. ニールス・ヘンリック・アーベル

アーベルとガウス

ニコラウス・フスがガウスをペテルブルクの科学アカデミーに誘ったのは，才能のある若い数学者に声をかけたということであるから，それ自体としてはいかにもありそうなことであり，特筆するほどのことではないようにも思う．だが，フスは単なるオイラーの助手ではなく，オイラーやガウスには及ばないまでも，オイラーに直々に指導を受けた数学者なのでもあった．オイラーの身近にいてもっともよくオイラーを知るフスは，ガウスの作品の尋常ならざる深遠さを感知することができたのであろう．

ガウスの次の世代を代表する数学者というと，アーベルとヤコビの名が即座に念頭に浮かぶ．ヤコビは深くオイラーに傾倒した人で，オイラーの著作や論文を熱心に探索し，1843年にはハインリッヒ・フスと協力してオイラーの書簡集(全2巻)を出版した．アーベルとフスの関係はというと，直接の交流はなかったが，フスはアーベルの論文を通じてアーベルの名を認識した模様である．その事実をはっきりと示しているのは1828年5月28日の日付でクレルレがアーベルに宛てた一通の書簡である．ペテルブルクのフスからベルリンのクレルレのもとに来信があり，アーベルの論文を読むことを喜んでいるという消息が伝えられたのである．フスはアーベルの代数方程式論や楕円関数論を読んだのではないかと思われるが，どちらもオイラーと深い関わりのあるテーマである．わけても楕円関数論はオイラーが端緒を開いた理論であり，アーベル自身，長篇「楕円関数研究」(1827, 28年)をオイラーの回想から説き起こしているのであるから，フスの喜びの大きかったことは推察に難くない．

アーベルとガウスの関係はいくぶん微妙である．1825年の秋9月，アーベルは故国のノルウェーを発ってヨーロッパ旅行に出発した．目的地はパリだったが，コペンハーゲン，ハンブルク，ベルリン，ライプチヒ，フライベルク，ドレスデン，プラハ，ウィーン，グラーツ，トリエステ，ヴェネチア，ヴェローナ，ボルツァーノ，インスブルックを経由するという大旅行になった．パリ到着は1826年7月10日であるから，この間，10箇月の歳月を要したのである．これだけの旅になるのであれば，途中でゲッチンゲンに立ち寄ってガウスに会うことも可能であり，アーベルもまガウス訪問を考えないではなかった模様だが，これは実現にいたらなかった．

　ガウスはアーベルにもっとも深い影響を及ぼした数学者であり，アーベルはガウスの一番はじめの継承者であった．アーベルがクリスチャニア大学の学生のころの図書館の貸し出し記録によると，ガウスの著作『アリトメチカ研究』を借り出したことが判明するが，アーベルの代数方程式論と楕円関数論はこの書物の最後の第7章に示唆を受けて成立した．

　アーベルは早くから代数方程式の代数的可解性の問題に関心を寄せ，「不可能であることの証明」をめざしていたが，大旅行に出る前にこの企てに成功したと確信し，証明を叙述した小冊子を作成して，ガウスをはじめ各地の数学者のもとに送付した．ヨーロッパ旅行の途次，アーベルはベルリンでクレルレと知り合い，クレルレといっしょにゲッチンゲンにガウスを訪問したいと考えていたところ，ガウスは先に送付したアーベルの小冊子を歓迎していないというニュースが伝わってきたという．そのためガウスを訪問する気持ちが消失したと言われているが，いかにも不思議なエピソードである．

4. ニールス・ヘンリック・アーベル

高木貞治の著作『近世数学史談』とアーベル

　高木貞治の著作『近世数学史談』ははじめ共立社の「続輓近高等数学講座」に分載された．共立社は現在の共立出版の前身である．「続輓近高等数学講座」の刊行が始まったのは昭和5年1月であり，翌昭和6年11月までに全16巻を数えて完結した．この講座に分載されたのが初出だが，目を通す機会があったのは，全巻の購入を契約して配本を待っていた読者だけだったのではないかと思う．

　昭和8年10月，共立社から「新修輓近高等数学講座」の刊行が開始された．この講座は新たに書き下ろされた著作で編成されているわけではなく，「続輓近高等数学講座」と，その少し前に完結した「輓近高等数学講座」に分載されたいろいろな作品を一冊の書物の形にまとめたもので構成されている．昭和11年までかかって完結し，全35巻に達した．第1回配本は昭和8年10月18日の日付で発行されたが，ここに収録された「続輓近高等数学講座」の第2巻は『近世数学史談』であった．

　『近世数学史談』の前にも数学史物語はいろいろな形で出版されていた模様だが，アーベルについて『近世数学史談』を越えるほど詳しく語られたことはなかったのではないかと思う．アーベルの名と学問が日本で知られるようになった功績は『近世数学史談』に帰せられると見て間違いないであろう．

　多くの数学者が登場する『近世数学史談』の中で，アーベルはガウスとともに主役中の主役の位置を占めている．この書物を概観すると，第15章「パリからベルリンへ」ではアーベルのパリ留学の消息が描写された．続いて，第16章は「天才の失敗と成功」

と題されているが,「天才」はアーベルを指し,アーベルの数学研究のたどった栄光と悲惨が語られた.次の第17章「ベルリン留学生」のタイトルのベルリン留学生はやはりアーベルを指している.第18章「パリ便り」ではパリに滞在中のアーベルの様子が再現され,第19章「アーベル対ヤコービ」の主役もまた依然としてアーベルである.第20章「初発の楕円函数論」ではアーベルの論文「楕円関数研究」に沿って,アーベルが創造した楕円関数論の世界が紹介されている.『近世数学史談』は全部で23個の章で構成されているが,そのうち6個までがアーベルにあてられているのである.ちなみに第1章から第9章までの主役はガウスであり,ガウスとアーベルの二人だけで,23個の章のうちの15個を占めている.高木貞治にとってガウスとアーベルは特別の意味をもつ数学者だったのであろう.

しばらく高木貞治の叙述に追随してアーベルの物語の再現を試みたいと思う.アーベルの生誕日は1802年8月5日,生地はノルウエーの首都クリスチャニアの近くのフィンネイというところである.クリスチャニアは現在のオスロ.アーベルの父はセーレン・ゲオルグ・アーベル,母はアンネ・マリーエ・シモンセンである.母の父,すなわち母方の祖父はニールス・ヘンリック・サクシル・シモンセンといい,アーベルはこの祖父の名をとってニールス・ヘンリックと命名された.父は牧師であった.フランスで起った政治上の大動乱の影響はノルウエーにも及び,そのためアーベルの父も窮迫した.アーベルは貧しかったが,給費を得て大学に進むことができた.大学では寄宿舎に入ったが,特別の許可を得て弟も同居した.それほど貧しかったのだと高木貞治は註記した.

4. ニールス・ヘンリック・アーベル

クレルレの数学誌

　アーベルが生きた時代は依然としてフランス革命の影響下にあり，政治上の事件が相次いでやまない大変動期であった．『近世数学史談』には次のような諸事件が書き留められている．

1793年　ルイ十六世弑される．
1799年　ナポレオン執政．
1804年　ナポレオン帝位に即く．
1814年　ナポレオン没落．
1830年　七月革命，ボルボン王朝の最後．

　パリの諸工芸学校はこのような動乱時代に創立され，フランスの自然諸科学と数学研究の中核を担うことになった．ラグランジュ，モンジュ，ポンスレ，フーリエ，ルジャンドル，ポアソン，ラプラス，コーシー等々，この時期のフランスには一群の数学者が次々と出現し，さながら「百花繚乱の高原」（高木貞治の言葉）のようであった．

　ドイツではパリの諸工芸学校を模範とする中央研究所を創立する計画があり，ガウスを招聘する考えだったが，ガウスはこれを受けなかった．1824年の出来事である．この研究所とは別に，やはりパリの高等師範学校（エコール・ノルマル・シュペリュール）を範として高等教員養成機関を設置する計画もあった．ここにアーベルを招聘することが決まり，クレルレがアーベルに手紙を書いてこれを知らせたが，この手紙が届いたのはアーベルが亡くなって二日後のことであった．これは1829年の春4月の出来

事で，アーベルの悲劇として広く知られているエピソードである．

中央研究所の創立計画も高等教員養成機関の設置計画もどちらも頓挫して，ドイツには工芸学校も師範学校もできなかった．ベルリンには1810年に創設された大学が存在したが，基調は精神科学にあり，ガウスもいなければアーベルもいないというありさまであった．だが，19世紀のヨーロッパにおける数学研究の中心地は次第にフランスを離れ，パリからベルリンへと移っていった．そのわけは「クレルレの数学誌」にあるというのが高木貞治の所見である．「クレルレの数学誌」というのはプロイセンの土木技監のクレルレが創刊した学術誌で，正式の誌名は「純粋数学と応用数学のための雑誌」といい，1826年に創刊号が出版された．

「クレルレの数学誌」は純粋数学に偏するのではなく，創刊号などを見ると純粋数学部門と応用数学部門が別個に設けられたほどで，当初から応用数学を視野に入れて編集が行われた．「純粋数学と応用数学のための雑誌」という誌名の通りである．ただし，それはそれとして全般的に純粋数学のほうが優勢であり，論文数にも大きな差が認められる．ちょうど「クレルレの数学誌」が創刊されたころから，ドイツには新進の数学者が相次いで輩出し，しかも純粋数学の方面に人材が集ったため，「クレルレの数学誌」はいつしか純粋数学の専門誌のようになった．当時の人はたわむれに「純粋不応用数学雑誌」と呼んでいたなどと，高木貞治は書いている．

「クレルレの数学誌」が創刊された時期の学術誌の刊行状況を見ると，フランスには「ジェルゴンヌの数学誌」，すなわち「純粋応用数学年報」があり，1810年から発行が開始された．クレルレはこの雑誌を範として「クレルレの数学誌」を創刊したであろう．

「ジェルゴンヌ数学誌」は1831年に一時中絶し、1836年になってリューヴィユの手で再興されるという経緯をたどったが、その際、誌名が少し変わって「純粋応用数学誌」となった。「クレルレの数学誌」とまったく同じ名前になったのである。

クレルレの意図としてはいわゆる純粋数学のみに限定するのではないことはもちろん、専門家向けの新研究の発表の場と決めたわけでもなく、一般の読者も対象にして数学の普及をめざそうとしていたというのが、高木貞治の所見である。外国の著述の翻訳や新刊書の紹介を掲載したり、読者に向けて課題を提出したりすることもあった。第3巻にはアーベルが出した課題も掲載された。それは、

μ は素数、a は1よりも大きくて μ よりも小さい整数とするとき、$a^{\mu-1}$ が μ^2 で割り切れることはあるだろうか。

という問題である。

「クレルレの数学誌」が実際にたどった道筋はクレルレの当初の思惑を大きく越えて、極度にレベルの高い純粋数学専門の数学誌になった。創刊時から毎号のように次々と傑作を寄せたアーベルの寄与も大きかったのである。

アーベル研究の基本文献

1825年秋10月のある日、ベルリンにおけるアーベルとクレルレの出会いはヨーロッパ近代の数学史に記録されるべき重大な出来事であった。ここにいたるまでのアーベルの生涯を回想しておきたいと思う。

アーベルの評伝は多いが，現在の時点で振り返ってもっとも詳細な叙述はストゥーブハウグの著作『アーベルとその時代』(願化孝志訳，シュプリンガー・フェアラーク東京)であろう．著者のストゥーブハウグはノルウェーの人で，初版は1996年に出版された．ノルウェー語で書かれているが，4年後に英訳書が刊行され，その英訳書から重訳して2003年に邦訳書が出版された．2002年はアーベルの生誕100年の節目の年であり，その少し前から詳細な評伝執筆の気運が生まれていたのであろう．

この機会にアーベルを語る場合の基本文献を挙げておきたいと思う．次に挙げるのはアーベルの生誕100年を記念して出版された書物である．

Memorial : publié à l'occasion du centenaire de sa naissance Niels Henrik Abel (生誕100年記念文集)．1902年．

アーベルの生涯を語るうえで基本的な諸資料が集められているが，わけても際立っているのはおびただしい数の書簡である．アーベル自身の手紙が大半を占めるが，アーベルの人生と学問をめぐって，アーベルを知る人たちが交わした書簡も集められていて貴重である．旅先のアーベルが故国のノルウェーの人々に宛てた手紙などは当然ながらノルウェー語で書かれているが，『生誕100年記念文集』には原文とともにフランス語訳も収録されている．アーベルの没後，二度にわたってアーベルの全集が編纂されたが，最初の全集の編纂者はホルンボエで，ホルンボエはドイツ語の手紙もノルウェー語の手紙もみなフランス語に翻訳し，す

4. ニールス・ヘンリック・アーベル

べての文書をフランス語に統一した．手紙の数も少なく，しかも抄録のこともある．これに対し，上記の『生誕100年記念文集』に出ている手紙は表記も原文のままであり，しかも省略せずに全文が掲載されている．

次の本はアーベルと同じノルウェーの数学者ビエルクネスによる本格的な伝記である．

C.A. Bjerknes:Niels-Henrik Abel:tableau de sa vie et de son action scientifique （アーベルの生涯と学問上の活動）．1885年．

ビエルクネスはノルウェー語で書いて1880年に刊行したが，ここに挙げたのはビエルクネスの友人のフランスの数学者ウエルによるフランス語訳である．『わが数学者アーベル その生涯と発見』(辻雄一訳，現代数学社，1991年)はフランス語訳からの重訳である．

次に挙げるのはエイスタイン・オーレによるアーベルの伝記である．

Oystein Ore : Niels Henrik Abel:Mathematician extraordinaire 1957年．

mathematician extraordinary というのは「尋常一様ではない才能をもった数学者」というほどの意味であろう．オーレもノルウェーの人であり，ノルウェー語で執筆されて1954年に出版された．ここに挙げたのは1957年に刊行された英語訳である．『アーベルの生涯』(辻雄一訳，東京図書，1975年) は英語版を典

拠にした邦訳書である．

クリスチャニア聖堂学校

　ストゥーブハウグのアーベル伝によると，1815年秋11月，アーベルはクリスチャニアの聖堂学校に入学した．このときアーベルは13歳である．現在のノルウェーの首都はオスロだが，アーベルの時代にはこの名称は存在せず，クリスチャニアと呼ばれていた．呼称の変更が行われ，クリスチャニアがオスロになったのは1925年のことで，これに先立って1905年にノルウェーは独立国家になった．それ以前は完全に独立していたとは言えない状態であった．

　1905年の独立以前のノルウェーは隣国のスウェーデンと組んで連合王国を形成していた．同君連合といい，同じ国王が二つの国の国王を兼任したが，対等の連合ではなく，スウェーデン国王が同時にノルウェー国王になるのであるから，ノルウェーは事実上スウェーデンの属国であった．この連合王国が成立したのは1814年であるから，アーベルがクリスチャニア聖堂学校に入学する前年のことになる．スウェーデンと組む前はデンマークと組んでやはり同君連合王国を作っていたが，デンマークがナポレオン戦争でスウェーデンに破れたため，スウェーデンとの交渉の結果，ノルウェーはスウェーデンに引き渡されたのである．

　聖堂学校というのは大聖堂に附属する学校のことで，ノルウェーの聖堂学校では大学進学前の中等教育を行っていた．13歳のアーベルが入学したのはクリスチャニアの聖堂学校であり，聖堂学校の英語表記は *Cathedral School*（カテドラルスクール）

4. ニールス・ヘンリック・アーベル

である．ストゥーブハウグのアーベル伝の邦訳者はカテドラルの訳語として聖堂を使用した．カトリックには教区というものがあり，各々の教区には長がいて，その長のことを司教と呼んでいる．カトリック教会の位階の名称である．司教が中心になっている教会，すなわち信徒団体の宗教施設，すなわち聖堂のことをカテドラルと呼び，これを日本では大聖堂と呼んでいる．これはカトリックにおける言葉の使い方の一端だが，他の宗派ではまた別の用語大系が存在する．ノルウェーのキリスト教はカトリックではなく，ルター派のプロテスタントだが，ノルウェー全土がいくつかの司教区に分れ，それぞれの司教区がまた多くの教区に分れている．そこでカトリックの場合と同様，カテドラルすなわち大聖堂が存在し，附属するカテドラル・スクールもまた存在する．アーベルが入学したカテドラル・スクールはクリスチャニアの大聖堂の附属学校で，1153年に創設された．

　高木貞治の『近世数学史談』には，クリスチャニア聖堂学校の一生徒が教師の体罰を受けて死亡したという事件のことが書かれているが，ストゥーブハウグはこの間の消息を詳しく伝えている．この事件が起ったのは1817年11月で，死亡した生徒の名はヘンリック・ストルテンベルグ．この生徒に暴力をふるった数学教師はバーデルである．生徒の側から見ると教師に体罰を受けた話になるが，実際には少し違うのだという．ストゥーブハウグによると，ヘンリック・ストルテンベルグは11月16日に急に病気になり，一週間ベッドで寝て，そのまま亡くなったが，その少し前にバーデルに激しく殴られたことがあった．ストルテンベルグは発疹チフスだったのである．バーデルが殴ったことが直接の死因になったというわけではないが，バーデルは前々から生徒の間で評判が悪かったことも相俟って解雇された．バーデル自身も

悩んだようで，この事件の2年後に亡くなった．

バーデルが解雇された後，クリスマスに近いころ，二人の教師が聖堂学校に赴任してきた．ひとりはラテン語のアウベルト，もうひとりは数学のホルンボエである．

ホルンボエと聖堂学校

ホルンボエは当初はアーベルの先生であり，アーベルより年長だったが，1817年のクリスマスのころ聖堂学校に赴任してきたときはまだ22歳という若い教師であった．15歳のアーベルの目には親切な先輩のように映じたのであろう．交友は師弟の関係から始まったが，後に親しい友人になった．

ホルンボエのフルネームはベルント・ミカエル・ホルンボエといい，生誕日は1795年3月23日である．ノルウェーの南部のオプラン (Oppland) という州に生れ，アーベルと同じクリスチャニア聖堂学校を経て，1814年の夏，19歳のときクリスチャニア大学(現在のオスロ大学)に入学した．クリスチャニア大学はノルウェーに存在した唯一の大学で，正式な校名はロイヤル・フレデリック大学である．創設は1811年，創設者はフレデリック6世．クリスチャニア大学にはラスムセンとハンステンという二人の数学教師がいた．

大学では第二試験に優等の成績で合格し，ラスムセン先生の数学の講義を受けた．第二試験というのは大学に入学して一定期間が経過した学生に課される試験のことで，多くの科目を含んだ総合試験である．別名を「哲学試験」といい，大学で勉学を続けるためにはこの第二試験に合格しなければならない重要な試験

103

4. ニールス・ヘンリック・アーベル

である.ほとんどの学生が入学して1年後に受験する.第二試験に対して第一試験もあるが,これは大学の入学試験のことにほかならない.

ラスムセンの講義には必修科目と特論があり,ホルンボエは両方の講義を聴講した.特論というのは,ラスムセンが特別に興味をもつテーマを論じる講義である.入学の翌年の1815年には講師のハンステンの助手になっていたというから,ホルンボエもまたアーベルのように数学という学問に特別に心を惹かれていたのであろう.そのホルンボエが1817年の暮れに聖堂学校に赴任してアーベルと出会い,アーベルの心に数学の火をつけたのである.

1811年になってクリスチャニア大学が創設されたとき,聖堂学校から4人の教師が大学に移った.数学のラスムッセンもそのひとりだったが,その後任として聖堂学校に赴任してきたのが,数年後に暴力事件を起こして解職されることになったバーデルである.ホルンボエは大学でラスムッセンに数学を学び,それからバーデルの後任として聖堂学校に赴任した.それからまた数年がすぎて,1826年,ホルンボエはラスムセンの後任として大学に移り,講師になった.

高木貞治の『近世数学史談』には,ホルンボエの赴任とともにアーベルの読書傾向が大きく変わったと書かれている.当時の図書館の貸出し記録を調べてわかったということだが,ストゥーブハウグも同じ調査結果を参照したようで,1818年の秋ころからアーベルは数学の文献ばかりを借り始めたという話を紹介した.ニュートンの『普遍算術』を借りたこともあり,それ以後の借り出しはことごとく数学に関係のある本ばかりになったという.1818年の秋というと,聖堂学校に入学して3年目で,アーベルは16

歳である．ホルンボエの影響を受けて数学に目覚めたのであろう．

1820年6月，聖堂学校で学年末試験があった．『近世数学史談』によると，この試験の成績報告に，ホルンボエは「非凡の天才，特出の篤学，行く行くは偉大なる数学者になるであろう」と所見を書き留めた．しかも「偉大なる数学者」というところは，はじめは「世界一の数学者」と書いたのを消して書き直したのだという．ストゥーブハウグの本から同じ話を写すと，「数学に対する熱意・興味と，とうてい信じがたいほどの才能が兼ね備わっており，生き長らえるならば，偉大な数学者の一人になることが，大いに考えられる」というのがホルンボエの所見である．「偉大な数学者の一人」の前に数語があり，線を引いて消されているが，「世界最大の数学者」と読み取れるという．「生き長らえるならば」とわざわざ書き添えられたのは不審で，アーベルは申し分なく健康というわけではなかったことを示しているのかもしれないと，ストゥーブハウグは言い添えた．

大学入試（第一試験）と哲学試験（第二試験）

1820年7月はじめ，アーベルはクリスチャニア聖堂学校の上級クラスに進級し，翌1821年7月，聖堂学校を卒業し，8月，クリスチャニア大学に入学した．大学の入学試験を受けようとする聖堂学校の生徒たちは学年の終り方がそれまでとは違い，4月から「受験生休暇」が始まる．学年末は7月のはじめだが，この間，生徒たちはあまり学校に出ずに受験勉強に専念するのである．この年の大学入試の受験生は40人で，トロンヘイム，ベル

4. ニールス・ヘンリック・アーベル

ゲン，クリスチャンサンのカテドラル・スクールからの受験生もあった．聖堂学校を出ずに個人授業で教育を受けた受験生も 14 人いた．筆記試験は四日間．毎日，4 時間の試験が二つあった．40 人のうちの何人が合格したのか，その数字はストゥーブハウグの本には見あたらない．

『生誕 100 年記念文集』に，アーベルの大学入試の成績と第二試験の成績が収録されている．評点は 1 から 6 までの 6 段階で，1 が最高点である．各段階の評価規準は下記の通りである．フランス語とラテン語で簡単なメモが添えられている．

1 = *remaruquablement bien*

このメモはフランス語で，「きわめてよい」という意味になる．ラテン語では *laudabilis prae ceteris*．これは，「他の人たちと比べて称賛に値する」というほどの意味合いであろう．

2 = *très bien*

フランス語で「非常によい」．ラテン語では *laudabilis* で，「称賛に値する」という意味になる．

3 = *bien*

フランス語．単純に「よい」という意味である．評点「3」のラテン語表記は *haud laudabilis* だが，*laudabilis*（称賛に値する）に *haud*（まったく…ではない）」を添えて否定されているのであるから，「称賛に値するとは言えない」という感じになる．可でもなく不可でもない．「普通」ということであろう．

4 = *passable*

このフランス語には「かなりよい」「相当よい」というの意味があ

るが，字義通りにはそうかもしれないとしても，成績評価の場面では「まあまあよい」という感じで，優良可の「可」に相当するのではないかと思う．ラテン語で *non contemnendus* という説明が添えられているが，直訳すると「軽蔑されるほどではない」というほどの意味合いになり，それなら「可」という語感と合致する．

「5」と「6」にはコメントが略されている．たぶん「1」から「4」までが合格なのであろう．

クリスチャニア大学の入学試験は 1821 年 8 月に行われた．『生誕 100 年記念文集』には *Examen atrium*（諸学術の試験）という見出しのもとに成績表が掲載されている．各科目の右側に添えられている数字は評点である．

　国語（ノルウェー語）　3
　ラテン語　3
　ラテン語作文　3
　ギリシア語　3
　ドイツ語　3
　フランス語　2
　宗教　3
　歴史　4
　地理　2
　アリトメチカ　1
　幾何　1
　平均　*Haud illaud.*

4. ニールス・ヘンリック・アーベル

アリトメチカというのは「算術」のことだが，小学校で教わるような初等的な算数ではなく，もう少しむずかしい代数を指しているのではないかと思う．数学を大きく代数，解析，幾何と三つの領域に区分けして，聖堂学校では代数と幾何が教えられていたのであろう．アーベルはアリトメチカと幾何で最高点の「1」を取ったが，他の科目はまあまあ普通である．平均の評価は *Haud illaud*，すなわち「普通」である．

ラテン語の *Examen artium* に対し「諸学術の試験」という訳語をあてたが，これはもともとデンマークのコペンハーゲン大学の入学試験として導入されたもので，1630 年にさかのぼる．コペンハーゲン大学は長い間，デンマーク・ノルウェー連合王国の唯一の大学だったが，1811 年になってクリスチャニア大学が創設された．クリスチャニア大学はノルウェーの唯一の大学だが，連合王国では二番目の大学である．

大学に入学して一年弱がすぎて，1822 年 6 月に哲学試験，すなわち第二試験が行われた．この試験の成績表も『生誕 100 年記念文集』に掲載されている．

哲学
   理論　2
   実用　2
ラテン語　3
ギリシア語　3
歴史　3
数学　1
天文学　2
物理学

数学的証明(理論)　1
　　実用　3
　博物学　3

　ここでも数学の高評点が際立っている．物理の数学的証明（理論）も最高点であり，天文学も好成績である．平均の評点は *Haud illaud*（普通）で，入学試験のときと同じである．物理学には化学も含まれていた．

5次方程式の根の公式の発見を確信する

　まだ大学に入学する前，聖堂学校に在学中のことになるが，アーベルは5次方程式の根の公式を発見したと思い，一篇の論文を書いたことがある．アーベルがその論文をホルンボエに見せたところ，ホルンボエの目には論証の誤りが見つからなかった．ホルンボエは正しいのではないかと思ったが，大学のハンステンとラスムセンにも見てもらうことにした．もし正しければカルダノの『アルス・マグナ』(1545年)以来，実に270年ぶりという数学史上の大発見であることでもあり，ホルンボエも慎重を期したのであろう．ところがハンステンもラスムセンもまちがいを見つけることができなかった．ハンステンは応用数学の教授，ラスムセンは純粋数学の教授である．

　スウェーデン，ノルウェー，デンマークの三国を総称してスカンディナヴィア諸国というが，デンマークにはスカンディナヴィアでもっとも才能のある数学者という評価のあるデーエンという人がいた．コペンハーゲン大学の教授で，ハンステンの知り合

4. ニールス・ヘンリック・アーベル

でもあった．そこでハンステンはアーベルの論文をデーエンのもとに送付して所見を求めた．ハンステンもまた確信がもてなかったのである．

デーエンもまたアーベルの論証にまちがいを見つけることができなかったが，明らかに疑っていたようで，正しいとも言わなかった．『生誕100年記念文集』にデーエンからハンステンに宛てた一通の手紙が収録されていて，デーエンの考えが表明されている．その手紙の日付は1821年5月21日であるから，アーベルが5次方程式の根の公式を発見したと確信した時期もおおよそ判明する．おそらく1821年の前半の出来事であり，アーベルは満18歳．カテドラル・スクールの最終学年に在籍中であった．

高木貞治の『近世数学史談』にデーエンの手紙の一部分が紹介されている．

> A. 君は年少といい，仮に目的は達せられていないとしても稀有なる明敏，博識を認めねばならない．当地学士院に提出は差支えないが，その条件として一つ数字的の実例を計算して見ることを乞うのである．それは当人に取っても「試金石」というものであろう．それは兎も角も A. 君など，このような労して功なき問題に没頭しないで，むしろ目今解析上にも応用上にも，重大なる楕円函数 (*transcendents elliptique*) を研究して，「数学の大洋」に於て「マゼラン海峡」を発見するように心掛けては如何，等々

「A. 君」はアーベルである．この手紙はフランス語で書かれていて，宛先は「ノルウェーのフレデリック大学のハンステン教授」である．『生誕100年記念文集』に全文がそのまま掲載されてい

るというわけではなく，冒頭の部分はアーベルとは関係がないというので省略されている．本文に移ってからもところどころ記述が飛んでいるが，それでも相当の長文である．高木貞治が紹介したのは掲載された部分のはじめのあたりである．ハンステンはアーベルの論文をデンマークの学士院に提出してほしいと依頼したようで，デーエンの手紙はそれに対する返答である．どこがどうまちがっているという指摘はないが，アーベルが発見したという根の公式を具体的な例にあてはめてもらいたいとデーエンは要請した．その実例というのは，

$$x^5 - 2x^4 + 3x^3 - 4x + 5 = 0$$

という方程式で，この方程式に対して公式を適用してはたしてうまくいくかどうかが *lapis lydius* (ラピス・リディウス)になるというのであった．これはラテン語で，*lapis* は石の意であるから「リディウスの石」となる．リディウスの意味はわからないが，この一語にはフランス語で脚註がついていて *pierre de touche* のことと言われているが，それなら「試金石」の意味になる．上記の実例にあてはめて見ることがアーベルにとって不可欠の試金石になるだろうというのがデーエンの所見であり，『近世数学史談』の記述の通りである．

　デーエンはマイアー・ヒルシュという人の事例を挙げた．ヒルシュの $\epsilon\nu\rho\eta\kappa\alpha$ (エウレカ)のこともあるからというのである．エウレカはアルキメデスの名とともに有名なギリシア語で，「わかった」「発見した」というほどの意味の言葉である．ヒルシュは1765年の生まれでベルリン大学の数学の教授になった人だが，1809年に問題集を出版した．それを見ると，任意次数の方程式の一般的解法を発見したと信じていいたことがわかるが，後にまちがいに気づいた．どうして気づいたのかというと，デーエンが例示し

4. ニールス・ヘンリック・アーベル

たような具体的な数字を係数にもつ方程式に公式をあてはめてみるとうまくいかなかったからであった．ヒルシュは大きな衝撃を受けて，錯乱気味の精神状態に陥ったという．そんな先例があることもあって，デーエンはいっそう慎重な姿勢になったのであろう．

楕円関数論の大洋に通じるマゼラン海峡

デーエンはアーベルの根の公式の発見の正否を判定しなかったが，ハンステン宛の手紙の文面を見ると，正しいと判断したとは思えない．それどころかデーエンはそもそも解の公式の探索をそれほど重要な問題とは考えていないかのようであり，「このような労して功なき問題」などと言い，もっと重要な研究があると言葉を続けた．デーエンが語っているのは楕円関数論のことで，『近世数学史談』で該当箇所を引くと，「むしろ目今解析上にも応用上にも，重大なる楕円函数（$transcendents\ elliptique$）を研究して，「数学の大洋」に於て「マゼラン海峡」を発見するように心掛けては如何」というのであった．この部分はストゥーブハウグの本ではもう少し詳しく紹介されているが，大意は同じである．

「このような労して功なき問題」のところは「私の目には実りの無いものに見えるテーマ」となっているが，これは原文の通りである．また，「解析上にも応用上にも，重大なる楕円函数」のところは，原文では「その発展が，解析学全体およびその力学への応用にとってきわめて重要な結果をもたらしてくれるテーマ」となっていて，そのテーマとは何かといえば，「私は楕円関数のことを言いたいのです」と言い添えられていて真意が判明する．

112

「楕円関数」のところは文字の間が広めに取られて強調されているほどである．楕円関数の究明に向かうなら，アーベルは「解析学のひとつの広大な大洋 (*un seul et meme immense Ocean analytique*) に向かうマゼラン海峡」を発見するだろうというのがデーエンの所見である．その後のアーベルが実際に歩んだ道を思うと，デーエンの言葉は深遠な予言に満ちていて，いかにも神秘的である．

「解析学のひとつの広大な大洋」に先行する文章に目を向けると，「この種の研究に対して適切に向き合うならば，誠実な思想家であれば，これらの関数の，それら自体すでに非常に注目に値する美しい諸性質の数々に固執することはないであろう」という言葉が読み取れる．この後に，「誠実な思想家は解析学のひとつの広大な大洋へと向かうマゼラン海峡を発見することであろう」と続いていく．「誠実な思想家」というのは，アーベルを念頭においてそう言っているのであろう．

ガウスは楕円関数論研究の意義を早くから認識していたが，ガウスばかりではなくデーエンもまたこの方面に関心を寄せていた様子がうかがわれる．楕円関数には非常に注目に値する美しい性質がたくさん附随することも，デーエンは知っていた．だが，それらの諸性質は個別に見いだされただけであり，それらの全体を包み込むような単一の理論はまだ現れていなかった．デーエンはそのような統一理論の存在を確信していたようで，その理論への入り口を指して，これをマゼラン海峡と名づけたのである．

デーエンの手紙はハンステンに宛てられたが，ハンステンからアーベルに伝えられたのは間違いない．アーベルはホルンボエとともに数学を学び，ラグランジュの影響を受けて代数方程式の研究に向かったが，今度はデーエンの言葉に触発されて楕円関数論

が念頭に浮かび始めた．まだカテドラル・スクールの生徒だったころの出来事だが，代数方程式論と楕円関数論という，アーベルの数学研究の根幹を作る二つの理論が，大学に進む前にすでにアーベルの心に灯されたのである．

アーベルの最初の論文

アーベルの生誕日は1802年8月20日であるから，デーエンがハンステンに宛てて手紙を書いた1821年5月21日の時点では満年齢でいうとまだ18歳にすぎなかった．次数が4を越える高次代数方程式の根の公式の発見を叙述したというアーベルの論文はまちがっていたが，ともあれアーベルの数学研究が代数方程式論に始まったという事実の印象はきわめて深く，アーベルの生涯を考えるうえで重い意味合いを帯びている．

クリスチャニア大学の入学試験に合格したアーベルは，1821年9月，レゲンツェンという学生寮に部屋を割り当てられた．屋根裏部屋で，一年先輩のイェンス・シュミットという学生と同室である．学生寮レゲンツェンには20人ほどの学生がいたが，みなたいへんな貧乏であった．アーベルは1825年の秋に留学に出てパリに向かうことになるが，それまでの4年間をこの寮ですごした．アーベルが入学した時点で，学生の数はおよそ100人である．

1822年6月に哲学試験すなわち第二試験があった．アーベルは受験のためにいろいろな科目を受講したが，試験勉強のほかに，図書館からさまざまな本を借り出して数学の勉強にも打ち込んだ．当時の図書館の貸出し記録を参照すると，オイラーの

微分法の著作(解析学三部作のひとつ『微分計算教程』であろう)，ラクロアの教科書，ラプラスの『天体力学』，アシェットの論文集などが記録されている．アシェットはモンジュの系譜を継ぐフランスの幾何学者である．

1823年2月はじめ，ノルウェーで最初の自然科学の雑誌「自然科学誌」が創刊された．編集者はグレーゲシュ・F・ルンド，H・H・マシュマン，それにハンステンの3人である．アーベルはこの雑誌のことは計画段階から承知していたようで，予約購読者のリストの筆頭にアーベルの名が記されている．第一号にアーベルの論文が掲載されたが，それはアーベルが書いたいちばんはじめの学術論文であり，アーベルの全2巻の全集の巻1の巻頭に収録されている．アーベルはノルウェー語で書いたが，全集に収録されているのはそのフランス語訳である．ホルンボエが翻訳したのであろう．

アーベルの最初の論文のタイトルは，

> 「1個の変化量の関数のあるひとつの性質が2個の変化量の間のある方程式で表されるとき，そのような関数を見つけるための一般的方法」

という短篇で，全集版で10頁を占めている．

既述の通り，アーベルの全集は二度にわたって編纂された．最初の全集はホルンボエが編纂したもので，全2巻．刊行年は1839年である．第二の全集の編纂者はリーとシローで，1881年に刊行された．これも2巻本である．アーベルの論文の参照にあたり，本書では第二の全集に依拠することにする．リーとシローはともにアーベルと同じノルウェーの数学者で，リーは「リー群」

4. ニールス・ヘンリック・アーベル

の創始者として知られ,シローは有限群論の「シローの定理」に名を残している.

ノルウェーの「自然科学誌」

アーベルの最初の論文が掲載されたのはノルウェーの学術誌「自然科学誌(ノルウェー語表記は *Magazin for Naturvidenskaberne*)」の1823年,第1巻,第1号であった.全集の巻1では10頁の論文だが,「自然科学誌」では219頁から229頁まで,11頁を占めている.1823年のうちに出た巻を総称して第1巻と呼び,第1巻を構成する何冊かを順に第1号,第2号と呼ぶのが,雑誌の巻数,号数を数えるときの習わしである.続いて同年の第1巻,第2号にはアーベルの第2番目の論文が掲載された.タイトルは「定積分の支援による二三の問題の解決」というもので,55頁から68頁までと,205頁から215頁までの2箇所に分載された模様である.計25頁になるが,全集の巻1で見ると17頁である.

「自然科学誌」の1825年,第3巻,第2号にはアーベルの第4論文が掲載された.182頁から189頁までを占めるが,全集版の巻1では6頁の分量である.タイトルは「単定積分によって表される有限積分 $\sum^{n} \varphi x$」.「自然科学誌」に掲載された順序に沿うと,この論文は三番目に位置するが,アーベルの第2の全集では第4番目に配置されて,この間に第3番目の論文がはさまっている.それは,いわゆる「不可能の証明」として知られる論文である.

デンマークへの旅の計画

アーベルの第四論文が掲載された「自然科学誌」の第3巻，第2号は1825年の秋に刊行されたが，このころアーベルはすでに故国を離れ，パリをめざす大旅行に出発した．第4論文が実際に執筆されたのはもっと早く，「自然科学誌」が創刊された1823年の時点ですでに書き上げられていたのかもしれないと，ストゥーブハウグはそんなふうに推測した．

「自然科学誌」に掲載されたここまでの3論文はノルウェー語で書かれたが，アーベルはこれらとは別に，1823年の春，フランス語で一篇の論文を執筆した模様である．その論文は失われたが，『生誕100年記念文集』に1823年3月22日付の学術評議会の記録の抜粋が収録されていて，多少の消息が判明する．大意は次の通りである．

> ハンステン教授が評議会に出席し，学生アーベルの論文を報告した．その論文の目的はあらゆる種類の微分を積分する可能性について，一般的な論述を与えることである．ハンステン教授は，大学はこの論文の出版を援助することをどの程度まで適当と考えるかと尋ねた．この原稿はラスムセン教授とハンステン教授の手にゆだねられた．彼らはこの研究の値打ちについて統一見解を表明し，値打ちがある場合には，出版を支援する方策を提案する仕事を請け負った．

この記録はフランス語で書かれている．評議会で報告するほ

どであるから，ハンステンとラスムセンはアーベルの論文の出版を願っていたのであろうと思われるが，なかなか実現にいたらなかった．アーベルへの援助金と奨学金に関する人物調査書類や質問状があちらこちらと回送されるのに伴ってアーベルの論文もさまよい続け，とうとう行方不明になってしまったのであろうというのがストゥーブハウグの所見である．実際にそうだったのであろう．

　5月のある日のこと，ラスムセンがアーベルに，ポケットマネーを提供するからコペンハーゲンに行ってデンマークの数学者たちに会ってくるようにとすすめた．これを受けてアーベルは学術評議会に宛ててフランス語の短い手紙を書き，夏期休暇を利用してコペンハーゲンに旅行する計画であることを告げた．コペンハーゲンには親戚がいて，その親戚を訪問することが旅行の目的のひとつとして挙げられた．それともうひとつ，時間と状況の許す限り，数学上の知識を広げることもまた目的であった．旅行期間は二ヶ月．8月の半ばにもどるという計画である．この手紙も『生誕100年記念文集』に収録されている．日付は1823年6月2日である．

コペンハーゲンからの手紙

　アーベルのコペンハーゲン行の費用はラスムセンが出した．ストゥーブハウグの本には百スペーシエダーレルという数字が記されているが，これはどのくらいの金額なのであろうか．アーベルがコペンハーゲン行の計画を評議会に報告したのは1823年6月2日．それから三日後か四日後にアポロ号という船に乗ってコペ

ンハーゲンに向かって出発した．アポロ号はスループ型帆船（一本マストの縦帆式帆船）で，船長はエーミル・トレプカという人であった．

　第一日目は3マイル，すなわち34キロメートルほど進み，二日目にドレーバックに到着した．ドレーバックはクリスチャニアの近くの町で，ここはまだノルウェーである．ドレーバックには二日間，停泊した．アーベルは上陸し，ハインリヒ・カール・ツヴィルグマイエルの家で行われたパーティーに参加した．ツヴィルグマイエルはアメリカの独立戦争に参加した経験の持ち主で，クリスチャニアの陸軍士官学校と聖堂学校で語学を教えていた．三日目，アポロ号はクリスチャニア・フィヨルドの外に出て，さらに二日がすぎて，6月13日，コペンハーゲンに到着した．この日は金曜日であった．

　コペンハーゲンに着いて二日後の6月15日，アーベルは故国のホルンボエに宛てて手紙を書き，旅の模様を詳細に報告した．アポロ号に乗船した日はいつなのか，正確にはわからないが，6月5日ころとすると，コペンハーゲンに着くまで優に一週間もかかったことになる．後年，パリに向かったときもそうだったが，アーベルは寄り道を楽しんだのであろう．

　コペンハーゲンで，アーベルはいろいろな人に会い，いたるところで歓迎された．コペンハーゲンの数学者たちにも会った．アーベルが名前を挙げているのは，デーエン，トゥーネ，アウグスト・クライダール，ヘンリク・ゲアナー・フォン・シュミッテン，ゲーオウ・フレズリク・ウアシンの6人である．デーエンはハンステンの知人で，前に5次方程式の解法に関する論文を見てもらったことがある．実際に会ってみると愉快な人物で，アーベルにたくさんお世辞を並べ，アーベルから多くのことを学んだと言っ

4. ニールス・ヘンリック・アーベル

てアーベルを困惑させた．デーエンとは数回，会った．レゲンツェンの二百年記念のお祝いの会にも参加し，観劇もした．後に婚約者となるクリスティーネ・ケンプと出会ったのもコペンハーゲンに滞在中のことであった．

楕円積分の逆関数のアイデアをつかむ

1823 年の夏のデンマークへの旅に関連して，アーベルは 4 通の手紙を書いたとストゥーブハウグは伝えている．そのうちの 2 通はホルンボエに宛てたもので，日付は 1823 年 6 月 15 日と 8 月 4 日である．2 通ともコペンハーゲンからの手紙で，『生誕 100 年記念文集』に収録されている．一通目の手紙には，既述の通り，旅の日々の消息が綴られている．

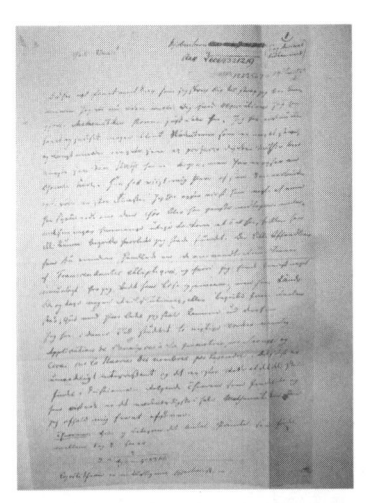

アーベルの手紙／1823 年 8 月 4 日付
ホロンボエへ／コペンハーゲンからクリスチャニアへ

ホルンボエに宛てた二通目の手紙の実物の日付の欄には実際には $\sqrt[3]{6.064.321.219}$ すなわち「6.064.321.219 の 3 乗根」を示す記号が記入されていて，「この少数部分に注意」と冗談めいたひとことが添えられている．この 3 乗根を開くと 1823.5908… となる．整数部分の 1823 は「1823 年」を意味すると見てよさそうだが，アーベルがわざわざ注意を喚起した少数部分は何を意味するのであろうか．1 年を 365 日と見て 0.5908 を乗じると 215 日と少々になる．そこで平年，すなわち閏年ではない年であれば，年初から数えて 216 日目，すなわち 8 月 4 日に該当しそうである．『生誕 100 年記念文集』を紐解くと，この手紙の日付の欄に「1823 年 8 月 4 日」と書き添えられているが，この計算を基礎にして推定したのであろう．

　その 8 月 4 日の手紙の本文を見ると，多岐にわたる話題の中に，アーベルの数学研究の姿を回想するうえで見逃すことのできない言葉に目が留まる．それは楕円積分の逆関数のアイデアを回想する言葉である．ストゥーブハウグのアーベル伝の邦訳書から引くと，アーベルはこんなふうに語っている．

　　覚えておいでででしょう，楕円超越関数の逆関数を扱ったあの小論のことを．あのとき私が到達した結果は間違いにちがいないのです．あれをデーエンに読んでもらいました．しかし，彼は推論の間違いを見つけることができなかったし，私の間違いがどこから来ているのか理解することもできなかったのです．どうやって私があの間違いから抜け出そうとしているのか，神様だけがご存知です．

　注目に値するのは「楕円超越関数の逆関数」という言葉である．アーベルの手紙はノルウェー語で書かれているが，「楕円超越関数」の一語のみわざわざフランス語で表記され，強調されている．

4. ニールス・ヘンリック・アーベル

原語は *Transcendantes elliptiques* で，そのまま訳出すると「楕円的な超越物」という意味合いになるが，その実態は今日の用語法でいう「楕円積分」のことにほかならない．楕円積分の逆関数に着目するという視点はアーベルの楕円関数論の鍵を一手に握るアイデアであり，アーベル以降の楕円関数論の流れもまたこのアイデアに支えられて方向が定められた．その決定的なアイデアが1823年のコペンハーゲン行に先立ってすでにアーベルの脳裡に浮かび，しかもそれをを主題に据えて一篇の論文まで試みられたというのである．一見して何気なさそうなアーベルのひとことにはあまりにも重大な意味合いが込められている．

「不可能の証明」の二論文

アーベルの楕円関数論を語る前に，アーベルの全集の巻1の第三番目に位置づけられている論文に立ち返りたいと思う．それは

「代数方程式について．5次の一般方程式の解法は不可能であることが証明される」

という論文である．わずかに6頁の短篇だが，内容はきわめて異様であり，表題に見られる通り，いわゆる「不可能の証明」が記述されている．出版されたのは1824年だが，ストゥーブハウグの本を参照すると，アーベルはこの論文を1823年のクリスマスの前までに書き上げたという．代数方程式論において，アーベルは研究の方向を完全に逆向きに転換し，根の公式の探索を放棄して，そのような公式は存在しないことを証明しようとする方向に向きを変えたのである．一度は発見したと確信した根の公式は，ハンステンもホルンボエもデーエンも否定したわけではないので

122

あり，アーベルは自分で誤りに気づいたのである．よほどのことがなければありえない事態である．

アーベルは「不可能の証明」を記述する論文を二度執筆した．最初の論文は上記の通りだが，二番目の論文は，

「4次を越える一般方程式の代数的解法は不可能であることの証明」

というもので，1826年の「クレルレの数学誌」第1巻に掲載された．アーベルの全集では第1巻の第7番目に配置され，66頁から87頁まで，22頁を占めている．主旨は最初の論文と同じだが，今度は記述に余裕があり，懇切に叙述された．2篇の論文を識別するために，1824年の論文を「不可能の証明の第1論文」，1826年の論文を「不可能の証明の第2論文」と呼ぶことにする．

第2論文には「この論文の分析」という「附録」がついている．アーベル全集，第1巻の87頁から94頁まで8頁を占め，第2論文の内容を紹介する短編である．第2論文の主旨を紹介するために執筆され，パリの学術誌「フェリュサックの数学誌」の巻6に掲載された．刊行年は1826年である．

第1論文の成立の経緯を，ストゥーブハウグの本に沿ってもう少し詳しく回想しておきたいと思う．アーベルが実際に執筆したのは1823年のクリスマスの前という点は既述の通りである．学術誌に掲載されたのではなく，クリスチャニアのグレンダールという出版社で作成した小冊子である．アーベル全集の第1巻では6頁を占めているが，実際の小冊子も6頁であった．印刷費用を切り詰めるために記述を簡明にし，圧縮したのである．販売もされたようだが，ごく少部数しか売れなかったと考えられるとストゥーブハウグは推測した．どの程度の部数を作ったのか，正確な数字はわからないが，アーベルは相当の部数をいろいろな人に

送付した．送付先にはコペンハーゲンの友人もいた．ハンステン先生にももちろんさしあげたが，ハンステンはドイツの天文学者シューマッハーにも何部か送った．シューマッハーはゲッチンゲン大学でガウスに学んだ経歴をもち，ガウスと親しかった人物であり，ハンステンはシューマッハーの手を経てガウスのもとに届くよう取り計らった．その時期は1824年の7月末である．

アーベルの論文を見たガウスはどのような反応を示したのであろうか．このあたりの消息をめぐっていくぶん伝説めいたエピソードが伝えられているが，ストゥブハウグによると，1862年の「イルストレーレット・ニューヘーツブラー」にハンステンが記事を寄せ，ガウスもアーベルの論文を受け取ったときには否定的で，自分が5次方程式の解法が存在することを証明することになるかもしれないと語ったというエピソードを紹介し，強調したということである．ハンステンはガウスの反応をシューマッハーから伝えられたのかもしれず，それを38年後になって報告したということになるが，この証言は不審である．なぜなら，ガウスはアーベルに先立って早くから「不可能の証明」を確信していたからである．

ガウスがアーベルを無視した理由の考察（その1）
論文の表題を嫌う

一般の代数方程式の代数的解法は不可能だが，その一方では，円周等分方程式のように，次数がどれほど高くとも代数的に解ける代数方程式もまた確かに存在する．この二つの事実は矛盾しないのである．ガウスはこの点をはっきりと区分けして認識した一番はじめの人なのであり，そのガウスが，自分で解の公式を発見することになるだろうなどと言うはずはない．ハンステンは

アーベルの先生ではあるが,「不可能の証明」ということの意味を正しく理解することができなかったのであろう.

ハンステンが伝える伝聞についてはハンステンの誤解ということでよいとして,ガウスはどうしてアーベルの論文を無視したのだろうという疑問は依然として残されている.ガウスのもとにはヨーロッパの各地から論文や著作が次々と送付されてきたのかもしれず,無名のアーベルの小冊子などに目を通してはいられなかったのだろうとも考えられそうである.だが,ガウスは読まなかったと考えるのでは,「不可能の証明」をめぐるガウスとアーベルの数学的所見を検討することそれ自体が無意味になってしまう.そこでガウスはともあれアーベルの論文をちらっとでも見たことは見たのであろうと想定することにすると(上に挙げたハンステンのエッセイはこの想定を支持していると思う),アーベルの「不可能の証明」を見てガウスはどう思ったのだろうということが,興味の深い歴史的問題として浮上する.早くから「不可能の証明」を確信していたガウスのことである.本文を一瞥さえすれば即座に論文の内容を理解し,結論の正しいことに同意したであろうことは想像に難くない.

しばしば持ち出されるのは,アーベルの論文の表題に問題があったのであろうということで,そこには「5次の一般方程式の解法は不可能であることが証明される」とは書かれているが,不可能なのはただの解法ではなく「代数的な」解法である.その「代数的な」という形容句が表題に明記されていなかったことが,ガウスの嫌悪を招いたのではないかというのである.この推測では,ガウスはアーベルの論文の表題を見ただけで嫌気がさしてしまい,本文は見なかったであろうと想定されている.

数域を複素数まで拡大しておけば,どのような代数方程式にも解が存在することはまちがいなく,まさしくそれが,ガウスの証

明した「代数学の基本定理」の中味であった．そのガウスに向かって「解くのは不可能」といきなり宣言されたなら，まるで「代数学の基本定理」は成立しないときっぱりと明言されたかのようにガウスには感じられたのかもしれない．もしそうならガウスにとっては実に不愉快なことであり，ちらっとさえ見る価値のない論文である．これが，ガウスがアーベルを無視した理由として，しばしば語られてきた説明である．これはこれで一理のある仮説である．

ガウスがアーベルを無視した理由の考察（その2）
証明の仕方を嫌う

　前述の推定は一理ありそうに思えるが，強引とまでは言わなくとも，少々無理筋なのではないかという感じもまた伴っている．論文の表題には確かに「代数的に」という形容句が欠如していたが，本文を見れば，代数的可解性が論じられていることは一目瞭然である．何よりも「不可能の証明」という一語に秘められた意味合いを理解しえたのは，ひとりガウスのみであったろうという，当時のヨーロッパ社会の数学的状況を反芻すると，片々たる形容句の欠如がガウスの目を曇らせたとは考えにくいのではあるまいか．そこでガウスはあくまでもアーベルの論文の本文に目を通したという前提を置いて，そのうえでアーベルを顧みなかったガウスの心情を忖度してみたいと思う．

　考えられる状況は三通りである．ひとつはアーベルの証明を理解できなかった場合，もうひとつは正しく理解して，しかもその証明はガウス自身の手持ちの証明と本質的に同じものだった場合，さらにもうひとつは，正しく理解したが，証明の仕方がガウスの証明と異なっていて，しかもガウスの意に染まなかった場

合である．「不可能の証明」を確信するガウスにとって，第一の場合はありえない．第二の場合はありうるが，もしそうであれば，後年アイゼンシュタインが現れたときにそうしたように，ガウスはアーベルを褒め称えたことであろう．アーベルに少し遅れてガロアもまた「不可能の証明」に成功した．ガロアはポアソンなどパリの科学アカデミーの数学者たちには理解されなかったが，ガロアの証明はガウスの円周等分方程式の代数的解法の道筋とそっくりであり，深くガウスに学んだ影響がくっきりと刻印されている．ガウスの念頭にあったと想定される「不可能の証明」の姿はガロアの手で具体化されたと見て間違いなく，ガウスなら正しくガロアを理解したであろう．ガロアもまたガウスの批評を求めていたのである．

もっとも蓋然性が高いのは，おそらく第三の場合であろう．ガウスがアーベルの論証の筋道を追えなかったとは思えないが，論理的に見て正しいと判定したとしても，そのうえでなお「アーベルは正しい」と言いたくなかったのではあるまいか．なぜなら，アーベルの証明は根幹を作るアイデアの相においてガロアの証明とまったく異なっているからである．

ガウスがアーベルを無視した理由の考察（その3）
ガウスとルジャンドルの関係の考察

ガウスは「孤高の数学者」という言葉がぴったりあてはまる人で，他の数学者との学問上の交流ということに関心が薄かったように思う．最初の大きな著作『アリトメチカ研究』を見ても，全篇にわたってガウスの創意のみが満ちあふれているという作品であり，いかにも異様である．全7章のうち，最初の四つの章まで

4. ニールス・ヘンリック・アーベル

はオイラーやラグランジュなどの名も散見するが，事のついでに紹介したというだけのことにすぎず，影響を受けたから引用したというのではない．第5章以降になると引用はまったく影をひそめてしまう．この著作以後，ガウスは数論の領域で5篇の論文を公表したが，そこにも引用文献は見られない．ガウスが参照するのはただガウス自身の論文だけである．すなわち，ガウスはすべてをひとりで創造したのである．

ルジャンドルの論文と著作への言及は見られ，多くの頁を使って批評されているが，眼目はルジャンドルの誤りを指摘するところにあり，何かしら影響を受けたから引用するというのではない．ルジャンドルのほうでは，論文「不定解析研究」(1785年)や著作『数論のエッセイ』(1798年)に叙述した平方剰余相互法則の証明に対して手厳しい批判を受けたにもかかわらず，まちがいの訂正を試みて何度も改訂版を出し，そのつどガウスにも謹呈した．率直に誤りを認め，若年のガウスに敬意を表したのである．ガウスとルジャンドルの間で書簡のやりとりが始まって，学問上の交流が発生してもおかしくない状況だったが，ガウスはルジャンドルに対して一貫して冷淡であった．

ところがガウスの数論研究の様子を全般的に観察すると，ルジャンドルに影響を受けたのではないかと思われるところがいくつか目に留まる．一例を挙げると，平方剰余相互法則のことをルジャンドルは「二つの素数の間の相互法則」と呼び，ガウスは「平方剰余の理論の基本定理」と呼んだ．すなわち，「相互法則」という言葉はルジャンドルの造語なのである．ところがガウスの4次剰余の理論に関する論文を見ると，そこには本当にさりげない形で「相互法則」という言葉が出現し，しかもその際，別段ルジャンドルへの言及はない．

もうひとつの例を挙げると，平方剰余相互法則を記述する際

にルジャンドルはいわゆる「ルジャンドルの記号」を提案した．これはルジャンドルに独自のアイデアなのであり，ガウスはこの記号を公表された論文の中では採用しなかったが，ガウスの全集に収録されている遺稿の断片を見ると，ルジャンドルの記号が明記されている．ガウスもまたルジャンドルの記号に興味を示したのであろうと思われる場面だが，ルジャンドルの名はそこにも見られない．

　もうひとつ，第3番目の事例になるが，ガウスがルジャンドルを批判したのは平方剰余相互法則のルジャンドルによる証明が不完全だったからである．では，どうして完全とは言えないのかといえば，ルジャンドルは証明にあたっていくつかの特定の補助的素数の存在を仮定しているからである．いくつもの種類があって一概にはいえないが，ルジャンドルが使った補助的素数は，個別に見るとどれも明白に存在するかのような印象を与えるものばかりである．ところがガウスによるとそれらの存在は自明というには遠く，中には平方剰余相互法則の成立と同じレベルの存在証明を要するものもあるというありさまなのであった．

　この批判はガウスの言う通りで，ガウスは正しいのである．ところがガウスの『アリトメチカ研究』の第4章に出ている数学的帰納法による平方剰余相互法則の証明を検討すると，ある特定の性質をもつ補助的素数が使われる場面に出会う．その特定の性質の素数というのはルジャンドルの証明に出てくるものよりもいくぶん一般的な感じがあるが，同じ種類の数である．ガウスはそのような素数の存在証明が必要であることをはっきりと自覚し，しかも実際に証明に成功した．この一点においてルジャンドルと決定的に異なっているが，証明の肝心なところで補助的素数が力を発揮するという意味において，ガウスはルジャンドルから何事かを学んだのではないかという想像に誘われるのである．

4. ニールス・ヘンリック・アーベル

ガウスがアーベルを無視した理由の考察（その4）
ガウスに及ぼされたルジャンドルの影響

　ガウスに及ぼされたルジャンドルの影響の諸相にはさらにもうひとつ，4番目の事例が存在する．この事例は非常に微妙で痕跡を見きわめるのがむずかしいが，ガウスの4次剰余の論文の中にひそんでいる．ガウスの4次剰余の理論は「その1」と「その2」の2篇で編成されているが，ここで注目したいのは「その2」である．ガウスははじめ有理数域において4次剰余相互法則の探索を続け，相当の果実を摘むことに成功した．大きな困難の伴う道筋であり，4次剰余相互法則そのものとはいかないまでも，何かしら法則の名に値する諸事実が見つかるのはまちがいのないところであり，あれこれの報告がしばらく継続した．「その1」は全篇がそのような報告で埋め尽くされ，「その2」に移ってからも冒頭の足取りは同様である．しかも，あくまでも有理数域に留まる限り，ガウスの探索の様式は『アリトメチカ研究』において平方剰余相互法則が探索されたときとまったく同じである．

　ガウスは自分で編み出した方法を駆使して行き着く所まで歩を進めたが，限界を自覚して「数域の拡大」に踏み切った．有理数域を離れてガウス数域へと飛躍し，ガウス整数の範疇で4次剰余相互法則を探索するという方針を打ち出したのである．それに伴って探索の方法も一変した．従来の手法を捨て，新たな方法を採用して首尾よく4次剰余相互法則の発見に成功したが，ここで目を見張らされるのはガウスの新しい方法の実体である．ガウスがこの場で採用した道筋は，かつてルジャンドルが平方剰余相互法則の探索にあたって歩んだ道筋そのものなのである．

ガウスはガウス数域において整数の素因数分解の一意性の証明とフェルマの小定理を確立し，フェルマの小定理を基礎にして4次指標の導入へと進んでいった．以下，ガウス数域においてルジャンドルの歩みに沿って歩を進めると，ほどなくして4次剰余相互法則に出会う．このようなところを見るとガウスは何事かをルジャンドルに学んだのは明白だが，ガウスはルジャンドルの名を決して語らない．

　ガウスはルジャンドルに影響を受けながらなおかつ平然と無視する態度を示したが，そのようなガウスの姿勢は，アーベルの論文に関心を示さなかったことに通じるものがあると思う．

　ルジャンドルの側から見るとガウスの態度はいかにも不可解であり，不愉快でさえありうるが，ガウスの側に立てば異なる光景が目に映じるであろう．適当な補助的素数を導入し，それを梃子にして証明を遂行するという大きな構えを見ると，ルジャンドルの影響はたしかに感じられはするものの，ルジャンドルには補助的素数の存在証明が必要という自覚もなかったのに対し，ガウスは明確に自覚して，しかも証明にも成功した．たとえアイデアはルジャンドルに示唆を受けたとしても，大掛かりな数学的帰納法を遂行して平方剰余相互法則を証明するという雄大な構想の前では何ほどのことはないとも思われるところである．ガウスはこの程度のことでルジャンドルに謝意を表明するようなことはしたくなかったのであろう．それもまた一理のある態度である．

　ルジャンドルが提案した「相互法則」という言葉と「ルジャンドルの記号」を何気ないふうで自分も使ったことや，ガウス数域において4次剰余相互法則を確立したとき，ルジャンドルと同じ手順を踏んだことも同様で，ルジャンドルの名前を引き合いにだしてもおかしくない場面ではあるが，ガウスはそうしたくなかっ

たのであろう．ガウスが心に描いていた数学的情景はあまりにも雄大であり，それに比べるとルジャンドルの試みなどは取るに足らないものだったであろう．参考にさせてもらって感謝するなどという心境とはほど遠く，かえってじゃまに思ったのではないかと思えるほどである．

ガウスがアーベルを無視した理由の考察（その5）
「不可能の証明」を軽視する

今度はアーベルの場合を考えてみたい思う．アーベルの論文を見たときにガウスの心情の世界に生起したのは，ルジャンドルに対する場合と酷似した感情だったであろう．有り体に言えば，ガウスはちらっと見ただけでアーベルの論文の中味を諒解し，しかも正しいであろうことも瞬時に確信し，そのうえでなお，「こんなものは見たくない」というほどの，ある種の嫌悪感に襲われたのではあるまいか．

アーベルにとって代数方程式の代数的可解性の問題はきわめて重く，カルダノやフェラリの時代からこのかた，だれも解決することのできなかった歴史的難問に挑戦したのである．「不可能の証明」を完成してこの問題に決着をつけることができたなら，まちがいなく数学史に刻まれるべき歴史的偉業である．だが，ガウスにとってはどの程度の問題だったのであろうか．ガウスは若い日にラグランジュの影響のもとで代数方程式論を考察したことがあり，高次方程式の代数的可解性の証明を得たと信じた一時期もあった．やがて考えが転じて「不可能であること」を確信するようになり，学位論文や著作『アリトメチカ研究』の中でその

確信を明言したが，証明を公表するにはいたらなかった．ガウスが証明を手にしていたのはまちがいないと思われるが，ガウスは「不可能の証明」それ自体への関心を早々に失っていたのではないかと思う．ガウスがアーベルを無視したもっとも根源的な理由は，まさしくその一点に求められるであろう．

　ガウスは円周等分方程式の解法を一系の補助方程式の解法に帰着させることに成功し，その後になお一歩を進め，それらの補助方程式はどれもみな純粋方程式に還元されることを明らかにしたが，ガウスが重く見たのは前半の補助方程式への還元それ自体であった．後半の純粋方程式への還元は歴史的な視点に立つと重要な意味を帯び，だからこそガウスも言及したのである．だが，ガウスの円周等分方程式論の真意は代数方程式論それ自体にではなく数論にあり，平方剰余相互法則の証明の原理をそこに見いだそうとして努力を重ねていたのである．そのために重い意味をもつのは「ガウスの和」の値の決定であり，その「ガウスの和」は円周等分方程式の補助方程式への還元過程を通じて認識されるのである．ガウスの数論にとって「ガウスの和」が担う重要性を前にしては，補助方程式の純粋方程式への還元などは，ガウスにとって小さなエピソードにすぎなかったであろう．

　ガウスは「不可能の証明」のレベルをはるかに超越した地点に立脚し，なお遠くを見ようとしていたのであるから，今さら「不可能の証明」などを書き綴られてもわずらわしいばかりのことで，ただうるさかったのではあるまいか．ガウスの心情の世界では，ルジャンドルにおける「補助的素数の使用」「相互法則という用語」「ルジャンドルの記号」「フェルマの小定理を始点とする相互法則の定式化」と，アーベルにおける「不可能の証明」はぴったり対応していたのであろう．

4. ニールス・ヘンリック・アーベル

　ガウスはリーマンの複素関数論もほめなかった．ガウスの賞賛を受けた人はきわめてまれで，アイゼンシュタインなどは例外中の例外である．ガロアは人生の最後の手紙で，自分の研究をガウスかヤコビに見てもらえるように取り計らってほしいという伝言を友人に託したが，ガロアに寄せるガウスの評価は伝えられていない．アーベルの場合でいうと，アーベルの没後のことになるが，ガウスはアーベルの楕円関数研究は賞賛した．一般的に見るとガウスは真の独創だけを評価した．アーベルの「不可能の証明」はガウスの目には真の独創と映じなかったのであろう．

　アーベルの証明にはアーベルに独自のアイデアが生きて働いているが，それはガウスの抱いていて証明のアイデアとはまったく異なるものであった．ガウスはアーベルの証明の論理的な正しさは理解したとしても，本質を洞察し，共鳴するにはいたらず，そのために沈黙を余儀なくされたのではあるまいか．アーベルの証明を検討した後に，再度この論点の考証に立ち返りたいと思う．

「根の公式」の探索から「不可能の証明」へ

　ガウスがアーベルを無視したのはなぜかという問いをめぐって考察を重ねてきたが，それよりもはるかに本質的な問いもまた存在する．それは，アーベルが根の公式の探索を断念して「不可能の証明」に向かうようになったのはなぜか，という問いである．根の公式の探索がごく自然な道筋であるのに対し，不可能を証明しようという方向に向かうのはあまりにも異常なことで，何のきっかけもなしにいきなり逆方向に方針を転換するようなことがありうるとはとうてい考えられない．アーベルは何かしら強い衝

撃を受けて思索の転換に踏み切ったのであろうと思われるが，その衝撃の実体はどのようなものだったのであろうか．アーベルの数学研究の生い立ちを考えるうえで重い意味を担う問いである．

この問いに対し，「アーベルに衝撃をもたらしたのはガウスである」と答えたいと思う．「不可能の証明」ということを考えること自体，すでにガウスの思想圏内での出来事であり，大学の図書館の貸出し記録を参照すると，アーベルは1823年の秋から1824年の夏にかけての時期にガウスの『アリトメチカ研究』を借り出したという．アーベルが「不可能の証明」の最初の論文を執筆したのは1823年のクリスマスの前であるから，ひとつの仮説として，『アリトメチカ研究』の第7章の円周等分方程式論を読んでたちまち本質をさとり，探究の方針を大逆転させたという状況が考えられそうである．

根の公式の探索と「不可能の証明」との関係を考えると，結論はまさしく正反対であるにもかかわらず，思索の姿形において通じ合うところもある．根の公式の探索では，代数的に解けると信じることにしたうえで，根を表示する式を探索する．これを「不可能の証明」に適用すると，もし代数的に解けるとするならば根の形はこのようになるはずだというところから出発して，アーベルの思索が紡がれていく．想定される解の形を表示するところにアーベルに独自のアイデアが見られるが，根の公式の探索の経験がそこで生きることになる．さて，根の形の候補が確定したら，その形をよく観察して矛盾を導いていく．矛盾が出れば，根の公式は存在しないということになり，アーベルの「不可能の証明」が完結する．

代数的に解ける方程式の根の形を具体的に表示するというアイデアはアーベルに固有のもので，ガウスといえども思い至らなかったであろう．

5
アーベルの大旅行

5. アーベルの大旅行

パリに向かう

　アーベルに及ぼされたガウスの影響ということについて多少のことを述べたが，これ以上のことを語るにはアーベルの初期の楕円関数研究がどのようなものであったのかを明らかにしていかなければならない．この論点を念頭に置きつつ少し先を急ぐことにして，アーベルのヨーロッパ旅行の模様を観察したいと思う．アーベルはノルウェー政府から奨学金の給付を受けて，数学研究のためゲッチンゲンとパリの大学に向かうことになった．ストゥーブハウグの本によると，1825年9月6日にレゲンツェンの部屋を引き払い，翌7日，クリスチャニアを発ったという．陸路ソーンに向かい，婚約者のクリスティーネ・ケンプに会い，別れを告げた．クリスティーネとは，デンマーク旅行のおりコペンハーゲンで知り合ったのである．

　以下しばらくストゥーブハウグの本の記述に沿ってアーベルの大旅行の模様をたどりたいと思う．アーベルがソーンに向かった後，何日か後にベックとメッレルがクリスチャニア・フィヨルドを下ってきて，夜遅くにソーンの埠頭に停船し，アーベルを乗船させた．コペンハーゲンで，陸路でやってきていたタンクが合流した．これで同行者は四人になったが，ベック，タンク，メッレルの三人はただちにコペンハーゲンを出発してハンブルクに向かった．アーベルは所用があって一週間ほどコペンハーゲンに滞在した．

　コペンハーゲンから蒸気船でリューベックへ．リューベックから郵便馬車でハンブルクへ．ハンブルクの「大野性人亭」という旅館で友人たちと再会した．

ハンブルクには数日滞在したが，アーベルの一行は打ち揃ってアルトナに天文学者のシューマッハーを訪問した．これはハンステンの指示にしたがったのである．

　シューマッハーのフルネームはクリスティアン・ハインリヒ・シューマッハーといい，生誕日は 1780 年 9 月 3 日であるから，ガウスより三歳だけ年少である．「アストロノミシェ・ナハリヒテン (*Astronomische Nachrichten*)」という天文雑誌の初代編集長として知られている天文学者である．高木貞治はこの学術誌の誌名を「天文報知」と訳出しているが，本書でもこれを踏襲したいと思う．創刊は 1821 年．この年，シューマッハーはアルトナに移り，私設の天文台を建設した．

　アーベルの旅の話を続けよう．アーベルはハンブルクからベルリンに向かい，1825 年 10 月 11 日に到着した．12 月 5 日付でハンステンに宛てて長文の手紙を書いたが，この手紙のおかげでベルリンのアーベルの様子が詳細に判明する．アーベルはよく手紙を書いた人であった．

　アーベルはアム・クップフェルグラーベン通り四番地の家の部屋を借りた．上の階には哲学者のヘーゲルが住んでいた．

　ベルリンに到着したアーベルはクレルレを訪問した．ストゥーブハウグによると，クレルレは技術者であり，道路建設者であり，ドイツ初の鉄道のひとつであるベルリン＝ポツダム間の鉄道の建設者であったという．数学に情熱があり，プロイセン当局にも大きな影響力をもつ人であった．アーベルはコペンハーゲンでフォン・シュミッテンという数学者に会ったが，そのフォン・シュミッテンから，クレルレはあらゆる点で非常にすぐれた人物と聞かされていて，それでクレルレを訪ねようという気持ちになったのである．よほど会いたかったとみえて，ベルリンに着くと大急

ぎでクレルレのところに行ったとハンステンへの手紙に書かれている．それならアーベルのクレルレ訪問は 1825 年の 10 月半ばころと見てよいであろう．

高木貞治の『近世数学史談』には，アーベルとクレルレとの初対面のときの様子が紹介されている．クレルレは工業学校の試験委員もしていたが，アーベルのことを入学志望者と思い込み，試験の程度やその他の条件などを説明したところ，アーベルはついに口を開いて「試験ない．数学ばかり（*Nicht Examen, nur Mathematik*）」と言ったという．アーベルとクレルレはドイツ語で会話をしたが，アーベルはドイツ語はあまり上手ではなかったとみえて，たどたどしい会話になった．

このおもしろいエピソードの出典ははスウェーデンの数学者ミッタク－レフラーの『ニールス・ヘンリック・アーベル』（1903 年．オリジナルはドイツ語．1907 年，フランス語訳が出版された）という著作である．クレルレがヴァイエルシュトラスに語り，ミッタク－レフラーはヴァイエルシュトラスから聞いたのである．

クレルレとの会話

アーベルがはじめてクレルレを訪ねたとき，「試験ない．数学ばかり」のほかに，二人の間でどのような会話が交わされたのであろうか．アーベルが 1825 年 12 月 5 日付で故国のハンステンに宛てて書いた手紙を見ると会話の模様が語られていて，多少の消息が判明する．クレルレは，これまでにどのような数学書を読んだのかと尋ねてきたという．これを受けてアーベルが著名な数学

者の著書を何冊か挙げたところ，クレルレの態度がやわらいで，心から喜んでいる様子が見えた．数学の話もいろいろ交わしたが，高次代数方程式に話題が及んだおりにアーベルが「不可能の証明」の話を持ち出したところ，クレルレは信じられないという態度を示した．異論があるとまで言い始めたので「不可能の証明」を記述した例の小冊子を手渡すと，クレルレはそれを見て，いくつかの推論の根拠が理解できないと言った．

このような話に加えて，アーベルは，クレルレと同じことを言った人がほかにも数人いると言い添えた．アーベルの「不可能の証明」はなかなか理解されなかったのである．不可能であることを証明するということ自体が破天荒な試みだったのであるから，無理もない事態だが，それでもアーベルは自信があったのであろう．もう少していねいに証明を書こうという心情に傾いて，改訂作業に着手した．

おりしもクレルレが新しい数学誌の創刊を準備しつつあったころであった．フランスには数学誌があるがドイツにはないので驚いたとアーベルが言うと，数学誌を出したいという考えを長い間あたためてきたが，できるだけ早く実行に移したいとクレルレが応じた．その言葉の通り，数学誌創刊の企画は急速に進展し，翌1826年2月には第一巻，第一分冊が刊行された．アーベルの出現はクレルレにとっても大きな刺激になったのであろう．

アーベルは「クレルレの数学誌」のために次々と論文を書いた．「不可能の証明」の改訂版も完成し，「クレルレの数学誌」の第1巻の第一分冊に掲載された．アーベルがフランス語で書いた論文をクレルレがドイツ語に翻訳したが，クレルレは論文の主旨を十分に理解することができなかったようで，誤訳が目立つが，それでもクレルレは自分が主催する新しい数学誌に「不可能の証明」を

5. アーベルの大旅行

掲載したのである．当初は半信半疑だったクレルレではあるが，アーベルとの交友を通じて「不可能の証明」は正しいと信じるようになったのであろう．

ゲッチンゲンを思う

　クレルレが創刊した「クレルレの数学誌」は現在も刊行されていて，数学の世界では知らない者のない地位を占めている．クレルレの企画は大成功をおさめたことになるが，そこにはアーベルの力が大きく働いていた．アーベルは「クレルレの数学誌」を主な舞台として論文の掲載を続けたが，数学の世界でアーベルの評価が高まるのにつれて，アーベルに論文発表の場所を提供した「クレルレの数学誌」の評価もまた高まっていったのである．だが，創刊の当初のアーベルは無名であった．クレルレにしてもアーベルの真価を見抜いたというわけではなかったが，クレルレは初対面のとき以来，アーベルの短い生涯を通じて一貫して親切であった．

　アーベルのハンステン宛の手紙にはガウスの消息も記されている．ベルリンにも若い数学者がいたことはいた模様だが，彼らはみなガウスを神のようにあがめている，とアーベルは報告した．彼らにとって，ガウスはすべての数学的美点の化身なのである，とまで言い添えたが，アーベル自身の評はどうかというと，率直にほめたたえるというのとはだいぶ違っている．ガウスが偉大な天才であることは認めてもいいのです，とアーベルはいう．だが，ガウスの講義は陳腐でカビが生えていることもまた知れ渡っているのだとも．だれかがガウスの講義の悪口を言っていたので

142

あろう．クレルレはどうかというと，ガウスの書くものは全部嫌いだと言っていたとのこと．その理由は何かといえば，ほとんど理解不可能なほどあいまいだからなのだというのであった．ガウスは尊敬はされても必ずしも好意をもたれる人ではなかったのであろう．

クレルレはアーベルを「クレルレの数学誌」に誘ったが，アーベルもまた，この数学誌に寄与するためにできるだけ長くベルリンに留まりたいという心情であった．アーベルの旅の最終的な目的地はパリではあるが，ゲッチンゲンもまた訪問の予定地になっていた．ゲッチンゲンにはガウスがいたからであり，アーベルは本当はガウスを訪ねたかったのである．だが，ゲッチンゲン訪問はついに実現にいたらなかった．

ゲッチンゲンにはりっぱな図書館があるが，取り柄はそれだけです，とアーベルはハンステンに語りかけた．ゲッチンゲンではガウスだけがすべてに通じた人物であり，ガウスに会うためにゲッチンゲンに行かなければならないとわかっていたものの，それでもなおガウスは近寄りがたかったのである．どれほど学ぶべきものがあったとしても，アーベルにとってガウスは師匠ではなく，学問上の恐るべき好敵手だったのであろう．

大旅行の続き

ゲッチンゲンに行くか行かないか，アーベルはだいぶ逡巡した模様である．クレルレといっしょにゲッチンゲンに行くという計画もあったようだが，結局，ゲッチンゲン行は実現にいたらなかった．ガウスに会えば得るところが多いのはまちがいないとし

143

5. アーベルの大旅行

ても，会いたくない人をわざわざ訪ねたりするのはやはり至難なのであろう．それに，実際にガウスを訪ねたとしても数学の話題で盛り上がると決まったわけではなく，冷淡に扱われてしまうことになる可能性もあったのである．

　2月の末，正確な日付は不明だが，アーベルは友人のケイルハウといっしょにベルリンを発った．「ある水曜日の早朝」とストゥーブハウグは書いている．混み合った郵便馬車に乗り，夜7時すぎにライプチヒに到着し，「都市ベルリン」という名の旅館に宿をとった．

　木曜日いっぱいライプチヒに留まり，金曜日の昼食後，再び郵便馬車でフライベルクに向かった．ケイルハウも同行した．土曜日の朝の9時半ころ，フライベルク着．この日は2月26日である．それから丸々一ヶ月ほどアーベルはフライベルクに逗留した．『生誕100年記念文集』にはアーベルがフライベルクでクレルレに宛てて書いた手紙の一節が収録されているが，その日付は3月14日である．その次の手紙は3月29日付で，宛先はハンステンだが，所在地はドレスデンに移っている．フライベルクを発ったのは何日なのか，正確な状況は不明だが，3月17日付のケイルハウの手紙によると，3月22日の水曜日にドレスデンに向かって出発する計画が立てられていた模様である．

　3月31日，ドレスデン発．4月14日の夕方，ウィーン着．途中，プラハに8日間，滞在した．ウィーンに到着して二日後の4月16日，アーベルはホルンボエに宛てて長い手紙を書いた．ゲッチンゲン行を断念してベルリンを離れた以上，目的地のパリをめざすほかはない．だが，あちこちに立ち寄るばかりで，いっこうにパリにたどりつかなかった．

イタリアの旅を経てパリに向かう

　ウィーンに一ヶ月以上も滞在した後，5月18日，アーベルは民営の乗り合い馬車でバーデンに行った．バーデンはウィーン郊外の温泉地である．ウィーンに引き返し，それから一週間後，ということは5月25日ころのことになるが，夜の10時に速達郵便馬車でウィーンを発った．アルプスを越えて，翌26日の晩の8時ころグラーツに着いた．

　5月29日，貸し馬車でグラーツ発．五日目にイタリアに入り，まもなくトリエステに到着した．トリエステ滞在は五日間．6月7日の深夜12時に汽船でトリエステを出発し，ベネチアに向かった．

　6月10日，ベネチア発．ゴンドラでフシーナへ行き，岸に上がり，ここでヴェトゥリンという大型のゆったりとした馬車を雇い，パドヴァに向かった．パドヴァで一泊し，翌日食事どきにヴィチェンツァ着．ここで昼食をとり，夕刻，ヴェローナに着いた．

　6月12日，ヴェローナ発．アディジェ川に沿って進んでチロルに入り，6月14日，ボルツァーノ着．イタリアの旅が長々と続き，パリに向かう気配はなかなか現れなかった．

　『生誕100年記念文集』を参照すると，アーベルは4月16日と4月20日にハンステンに宛てて手紙を書いている．このときの所在地はウィーンである．5月28日にもハンステンに手紙を書いたが，所在地はグラーツに移っている．6月15日にはホルンボエに宛てて手紙を書いた．所在地はボルツァーノ．7月15日のケイルハウ宛の手紙はチューリッヒで書かれている．その次の

5. アーベルの大旅行

手紙は8月9日付だが,所在地はようやくパリになった.8月12日付のハンステンへの手紙を見ると,7月10日からパリにいると報告されている.前年の9月7日にクリスチャニアを発ってから10ヶ月が経過して,アーベルはようやくパリに到着した.

アーベルの旅は国費による国外留学であり,ノルウェーの政府から年額600銀スペーシエダーレルの必要経費が支給された.留学期間は二年間である.

アーベルはひとりで留学の途についたわけではなく,クリスチャニアを出発した時点で四人の同行者がいた.みなアーベルと同じ国費留学生である.四人のうち三人は鉱物学を学ぶ学徒であった.ひとりはケイルハウといい,後年,クリスチャニア大学の教授になった.メッレルはコングスベルグの採鉱管理者になった.タンクは人生の道筋を変更したようで,ヒュッテル派兄弟団の宣教師になり,最初は南米のスリナムで,後にウィスコンシンで活躍した.少々不思議な印象の伴う人生である.もうひとり,ベックという同行者がいたが,ベックは帰国後,クリスチャニア大学の獣医学の教授になった.獣医学部を創設した人物である.

パリの日々の始まり

『生誕100年記念文集』にはアーベルが8月12日に故国のハンステンに宛てた手紙が収録されているが,それは「数学に関する私の願望のすべての中心地,パリに,とうとう到着しました.すでに7月10日からここにいます」と,感動と喜びにいっぱいに満たされた言葉とともに書き出されている.アーベルのパリ到着

の日付がわかるのはこの手紙のおかげだが，同時にアーベルの住所もまた判明する．アーベルの所在地はフォーブル・サン・ジェルマン，サント・マルグリット通り41番地で，ストゥーブハウグの本によると，サン・ジェルマン・デ・プレ修道院の向かい側にあった．ただし，ストゥーブハウグが伝えているところによると，パリに到着した当初は別の場所に住んでいたようで，一ヶ月ほどすぎてから上記の場所に引っ越したのだという．どうして引っ越したのかといえば，パリで人に知られ，受け入れられるためにはフランス語に熟達することが根本的に重要であることに気づいたためで，フランス語のもっと上手な話し方を習得するためにコット夫妻の部屋に間借りして住み込んだのである．一ヶ月120フラン．清潔な衣服と一日二回の食事がついていた．どのようにしてこの部屋を見つけたのかというと，同郷のヨーハン・ヨルビッツがパリにいることを突然思い出したためで，ヨルビッツに手助けをしてもらった．ヨルビッツは画家で，パリでアーベルの肖像画を描いた．今日に伝わるアーベルの唯一の肖像画である．

　アーベルは数学の論文の執筆に打ち込みながら，ときおり人を訪ねた．まだ7月のことだが，ウィーンで知り合った天文学者フォン・リトロウの紹介状をもって天文台長のアレクシ・ブーヴァールのところに行った．ブーヴァールは天王星の外側にもうひとつの惑星，海王星が存在することの可能性を提唱したことで知られる人物である．

　ルジャンドルを訪ねたのも7月のことで，このときはコットといっしょであった．1852年9月18日にパリに生まれたルジャンドルは，アーベルの訪問を受けたとき満74歳という高齢に達していた．ルジャンドルの自宅に出向いて玄関に着いたとき，ルジャンドルはちょうど出かけようとしていたところであり，戸口

147

5. アーベルの大旅行

でわずかな言葉を交わすことしかできなかった．それでもアーベルはルジャンドルの家で週に一度，夕べの集いがあることを知り，アーベルも自由に参加してもさしつかえないことを教えられた．

アーベルはフェリュサック男爵も訪問した．フェリュサックは「科学・工業綜合報告」という学術誌を出している人である．フェリュサックも不在だったが，「フェリュサック誌」を囲むサークルの人たちに出会ったようで（これはストゥーブハウグの推測である），フェリュサックの家でも夕べの集いが毎週行われていることを知った．アーベルはフェリュサックの雑誌のうち，数学部分の購入を申し込んだ．

街路でポアソンを見かけたこともある．ポアソンは自分の考えに没頭しているような様子だったが，そうではなかったのかもしれない．こんなそこはかとないパリのあれこれを，アーベルはハンステンに報告した．

パリからの便り

1826年8月20日，ケイルハウがパリに到着した．滞在先はアーベルと同じコットの家である．ケイルハウはクリスチャニア大学の鉱業科学の講師に任命されることが決まっていたため，パリ滞在はそれほど長くなく，10月16日にはパリを発って故国に向かった．帰国費用が送られてくることになっていたところ，間に合わなかったため，アーベルが自分の帰国のために取っておいた旅費を貸した．ケイルハウは帰国したらすぐにホルンボエに送金し，ホルンボエがそれをアーベルに送るという手はずになって

いた．アーベルはともあれこの年の年末に帰国の途についたのであるから，この約束はたぶん実行されたのであろう．

帰国にあたり，ケイルハウは大型の赤いスーツケースを携えていたが，その中にはアーベルが買い集めた書物とアーベル自身の論文がぎっしりと詰め込まれていた．本のひとつはラプラスの新刊書籍『天体力学』の第5巻である．この大著作は全5巻で編成され，第5巻が最終巻である．アーベルはハンステンが第4巻まで揃えていることを知っていた．ハンステンにとって恰好の贈り物だったであろう．

ケイルハウが去ってから8日後の10月24日，アーベルはホルンボエに宛てて長い手紙を書いた．アーベルのパリの日々の消息を伝えるとともに，パリの数学事情やアーベル自身の数学研究の状況も詳しく伝えられ，きわめて興味の深い手紙である．高木貞治もそう思ったとみえて，この手紙のためにわざわざ『近世数学史談』の一節をさいたほどである．それは第18章「パリ便り」のことで，この章の全体がアーベルの手紙の紹介にあてられている．そこでしばらく高木貞治の訳文に追随し，アーベルの手紙を読んでみたいと思う．

> 君は沈黙を守ることを決心したと相見えるね．僕が如何に君のたよりを待ち佗びているかは君には想像が出来まい．君の不沙汰の原因は僕が *Bozen* から出した手紙を未だ受け取らないからであろうが，あれから最早四ヶ月以上になる．どうか此上僕を失望させないで，一言でも宜いから孤独の僕を慰めてくれないか，僕は世界一騒々しい都会に居ながら，砂漠の真中のような感じだ．知人は殆んど一人もない．一つには夏期中皆が田舎へ行っている為でもある．

149

5. アーベルの大旅行

　アーベルはこんなふうに書き始めた．アーベルが *Bozen* でホルンボエに宛てて書いた手紙の日付は 6 月 15 日で，『生誕 100 年記念文集』に収録されている．参照すると，*Bozen* の表記は *Botzen*(*Bolzano*) となっている．*Bozen* ではなくて *Botzen*．スペルが少々異なるが，*Bozen* はイタリアのチロル地方の都市 *Bolzano*（ボルツァーノ）のドイツ名で，*Botzen* は *Bozen* の古いドイツ語による表記である．高木貞治は高木の時代の表記を採用して *Bozen* と書いたのであろう．

パリの数学者たち

　故国のホルンボエに宛てたアーベルの手紙を続けよう．次に挙げる訳文も高木貞治によるもので，『近世数学史談』からの引用である．

> 　今までに会ったのはルジャンドルとコーシーとアシエット (*Hachette*)，その外数人の若い数学者，というても大へん出来る人，中でも *Bulletin* の主筆 *Seigey* 君，それからプロシヤ人のルジュン・ヂリクレ，彼は僕を同国人と思うて先日尋ねて来たのであった．彼は頗る賢い数学者だ．ルジャンドルと同時に方程式 $x^5+y^5=z^5$ を整数で解くことの不可能を証明したが，その外にもいろいろ面白い物を持っている．

　コーシーとはどこではじめて会ったのか，これだけではわからないが，ストゥーブハウグは，9 月か 10 月ころ，どこかの夜会

150

か学士院においてであろうか,と書いている.アシェットに最初に会った時期も不明だが,天文台長のブーヴァールが紹介してくれたのかもしれない.アシェットは「理工科学校通信」の発行者で,刊行に貢献していたが,アーベルはクリスチャニアの大学の図書館でこの「通信」を借りて読んでいて,アシェットの名前はよく知っていた.

セジェイはアーベルより五歳年長で,フェリュサック男爵の学術誌の数学・物理学部門の編集者である.セジェイとはフェリュサックのサロンで会ったのであろうと思われるが,親しく付き合うようになった.セジェイはアーベルに「フェリュサック誌」への寄稿を求め,まずはじめに他の科学誌に掲載された論文の概要と参考文献を書くようにと依頼した.アーベルはこれを引き受けて,「クレルレの数学誌」に掲載された自分の「不可能の証明」の論文を解説する一文を書いた.創刊されたばかりの「クレルレの数学誌」をパリの数学者たちに知らせたいという気持ちもあったのである.

それから,ノルウェーの「自然科学雑誌」に掲載した「振り子に及ぼす月の重力の影響」という論文を語るという主旨のエッセイも書いた.この論文は「不可能の証明」の最初の小冊子と同じころの作品で,シューマッハーに見てもらったところ,まちがいを指摘されたといういわくがあった.アーベルはセジェイの依頼に応じる機会を借りて訂正を行ったのだが,同時に「自然科学雑誌」を紹介するというねらいもあった.

5. アーベルの大旅行

ルジューヌ・ディリクレとの出会い

　ディリクレはドイツ西部の都市デューレンに生れた人で、ドイツでは数学の勉強はできないという理由で青年期にパリに移ったが、後にフンボルトの目に留まってドイツの大学に招聘された．ガウスの没後、ゲッチンゲン大学で後継者になってリーマンに深い影響を及ぼすことになった人でもあり、19世紀を代表する大数学者のひとりである．そのディリクレが若い日にアーベルに会ったという事実は見逃すことができず、ヨーロッパ近代の数学史において重い意味を担っている．

　アーベルは、ディリクレが会いに来たと伝えているが、アーベルの滞在先のコットの家に訪ねてきたのであろうか．アーベルを訪ねたというのであるから、その前から面識があったことになるが、初対面の場所はおそらくフェリュサック家のサロンであろう．

　ディリクレは1822年5月からこのかた、パリ逗留を続けていた．アーベルを同じドイツ人と思って訪ねてきたということであるから、この時期のディリクレには故国への郷愁めいた心情があったのかもしれない．1805年2月13日に生まれたディリクレは、アーベルに会ったとき、満21歳という若さであった．

　ディリクレに続き、アーベルの手紙はルジャンドルに簡単に触れて、「ルジャンドルは非常に愛相がよいが不幸にして、石の如く（steinalt）老いている」などと報告した．コットと連れ立ってルジャンドル家を訪問したときは、ちょうどルジャンドルが出かけようとしていたこともあり、ほんの少し立ち話をしただけにとどまったが、愛想がよいとか、石のように老いているとかのコメ

ントはそのおりの印象に基づいているのであろうか．あるいは，その後もどこかでルジャンドルに会う機会があったのかもしれない．

　高木貞治は「石の如く」のところに「*steinalt*（シュタインアルト）」という原語を書き添えたが，これはドイツ語である．アーベルの手紙はノルウェー語で書かれているが，この一語はなぜかわざわざドイツ語で表記されている．*Stein* は「石」，*alt* は「年をとっている」という意味であるから，合成すると「石のように老いている」となり，高木の訳語の通りである．きわめて高齢であることを形容するのに「石のように」とする語法は日本語にはなさそうで，ドイツ語に特有のものなのかもしれない．『生誕100年記念文集』にはアーベルの手紙のフランス語訳が掲載されているが，この一語に対応する訳語は *vieux comme les pierres* である．*vieux* は「年老いた」という意味で，*pierres* は石（の複数形）であるから，「石のように年老いている」という意味になり，*steinalt* の原意の通りである．

コーシーのうわさ話

　ルジャンドルに続いて，アーベルはコーシーを語った．「コーシーは気違いだ」というのである．

　　コーシーは気違い（*fou*）で，どうにもならない．しかし目今数学を如何に取扱うべきかを知っている数学者は彼であろうか．彼の業績は立派だが，書き振りは甚だごたごたしていて，始めの中は僕には何を書いているのかも殆ど分り兼ねた

5. アーベルの大旅行

が，追々よくなりそうだ．彼は今「数学の演習」(*Exercises des mathematiques*)という論文集を出している．僕も買うて読んでいる．今年になって既に9冊出た．コーシーはこちこちのカソリックだ．数学者としては少し変だ．目今純正数学をやっているのは彼ばかりである．

『近世数学史談』に見られる訳文をそのまま引いたが，「気違い」の一語に *fou* というフランス語が添えられている．『生誕100年記念文集』に収録されているノルウェー語の手紙の原文を参照しても，この一語だけフランス語で書かれている．コーシーの著作『数学の演習』を購入したとも伝えられたが，アーベルはコーシーの著作に前々から親しんでいたようで，コーシーの著作の解明を通じて実解析に大きく寄与することになった．数学におけるアーベルの寄与を数えるのであれば，代数方程式論，楕円関数論，アーベル積分論と並んでもうひとつ，「実解析への寄与」を挙げなければならないところである．

パリの数学者の消息を語るアーベルの言葉が続く．

ポアソン，フーリエ，アンペール等々は磁気その他物理の問題に没頭している．ラプラースはもう何も書くまい．最後に書いたのは確率論の附録である．息子が書いたのだと言うてはいるが，実際は自分で書いたのだろう．僕は学士院(*Institut*)でしばしば彼を見た．小柄で活潑な爺さんだが，口が悪い．…ポアソンは可愛い小さな胴体の持主だが，動作は威厳を保っている．フーリエも同様，ラクロア(*Lacroix*)は恐ろしく禿で著しく耄だ．

アーベルはこんなふうにパリの数学者たちを描写して，それから「月曜日にアシェットがこれらの諸先生に僕を紹介してくれる筈だ」と書き添えた．

パリには数学者がたくさんいたが，たいていは数理物理というか，必ずしも純粋数学とは言えない領域の研究に心身を打ち込む人々であった．アーベルの目には物足りないものがあったようでもあり，そのためたとえどれほど変人に見えようとも，純粋数学に専念するコーシーの姿に心を惹かれたのであろう．

ルサージュの小説に親しむ

『近世数学史談』からアーベルの手紙に，ラプラスは「小柄で活潑な爺さんだが，口が悪い」などと記されていたが，それに続く部分が「…」と点線になっていた．高木貞治はここを訳出しなかったが，ストゥーブハウグの本ではこの箇所は「ザンビュロがアルトファンダン（悪魔）に非難される因となったのと同じ短所を持っています．つまり，人の言葉を遮るという悪癖です」と訳されている．ザンビュロやアルトファンダンなど，何のことかわかりにくい言葉が並んでいるが，ザンビュロは *Zambullo* で，フランス語訳もノルウェー語の原文も同じ表記である．アルトファンダンはノルウェー語の原文では *Haltefanden* と表記されているが，フランス語訳を見ると，この一語には *le diable boiteux* という言葉があてられている．*le diable boiteux* であれば「びっこの悪魔」というほどの意味になる．

ルネ・ルサージュ（1668–1747）は18世紀のフランスの劇作家で，「Le diable boiteux」という作品がある．この小説の主人公の

5. アーベルの大旅行

名前がザンビュロで，悪魔がザンビュロに負わせた欠点というのが「人の言葉をさえぎるという悪癖」だったということになりそうである．アーベルはパリでこの小説を読んだのであろう．

『近世数学史談』から引いてアーベルの手紙の紹介を続けよう．

> 全体僕はドイツ人ほどにはフランス人を好まない．彼等は外国人に対しては甚だしく控え目にする．だから彼等と懇親を結ぶことは甚だ困難である．…学問などの出来るのは彼等のみだと思っているのだから，注意を引くことが特に後進者には甚だ困難であることが君にも想像されよう．

フランス人と仲良くするのはとてもむずかしいとアーベルは言う．『近世数学史談』ではこれに続く部分が省略されているが，原文を参照すると，「そうなりたいとも思わない」などと言い添えられている．こちらだって別に親しくなりたいとは思わない，というほどの意味の言葉だが，なぜかといえば「どの人も別々に仕事をして，他人のことなど気に掛けない」からというのである．アーベルの言葉が続く．

> だれもみな教えたがるばかりで，学ぼうとする人はいない．極度のエゴイズムがいたるところに蔓延している．フランス人が外国人に求めているのは実用上の方面のみだ．フランス人を除いて，思索することのできる人はいない．

このような言葉の次に，「学問などの出来るのは彼等のみだと思っている」とアーベルは付言した．アーベルの志は実用とは無縁の純粋数学にあったが，パリの空気はアーベルのような外国人

には冷淡に感じられたのであろう．パリで認められるのはいかにもむずかしそうな空気が漂っていたが，それでもなおアーベルは大きな論文を書き上げて科学アカデミーに提出しようとした．予想される困難を乗り越えて，純粋理論の方面で数学者としての認識を獲得することが，アーベルのパリ留学の目的であった．

「パリの論文」

アーベルはパリで執筆した論文の消息をホルンボエに報告した．

> 僕は或種の高等函数に関する長い論文を書き上げた．月曜日にそれを学士院へ提出する筈だ．僕はそれをコーシーに見せたが，彼は殆ど一瞥をも与えなかった．僕は自慢ではないが，あの論文は良いものと信じている．学士院が如何なる判断を下すか待っている．いずれその中に結果を知らせよう．

ここで語られているのは「ある非常に広範な超越関数族の，ひとつの一般的性質について」という表題をもつ論文で，後に「パリの論文」と呼ばれることになる傑作である．アカデミーに提出する前にコーシーに見せたものの，無視されてしまったが，それでもなお提出する考えを捨てず，実際に提出した．「よいものはよいと評価される」とナイーブに考えていたのであろう．だが，アーベルの期待に反し，アカデミーは「パリの論文」に対し何の評価も与えなかった．

5. アーベルの大旅行

　アーベルは「パリの論文」に自信をもっていた模様だが、この論文の内容を観察すれば、アーベルの自信ももっともなことと納得するほかはない。『近世数学史談』では「或種の高等函数に関する長い論文」と紹介されているが、「高等函数」の原語は「パリの論文」の表題に見られる *fonctions transcendantes* であるから、「超越的な高等関数」という意味合いになる。その「超越的な高等関数」というのはアーベル積分のことで、アーベル積分の世界において加法定理が成立することを主張するのが「パリの論文」の主定理である。これを受けて、「アーベル積分の加法定理」を指して「アーベルの定理」もしくは「アーベルの加法定理」と呼ぶ流儀が定着した。

　アーベルの加法定理の淵源はオイラーの加法定理である。だが、オイラーの加法定理の対象が楕円積分であったのに対し、アーベルの加法定理は完全に一般的なアーベル積分を対象にしているのであるから、オイラーの加法定理の延長線上に位置するのはまちがいないとしても、両者の間に横たわる距離はあまりにも遠い。オイラーからアーベルへと、飛躍の幅が大きすぎて、どうしてこのようなことができたのであろうと、かえって不審に思われるほどである。パリの科学アカデミーには無視されたが、理解せよと要請するのはやはり無理で、何が書かれているのか、コーシーもルジャンドルもだれもわからなかったというのが真相だったのではあるまいか。高木貞治はこう言っている。

　　アーベルの 1826 年の論文は今言う「アーベルの定理」を述べたもので、それは十九世紀中に書かれた数学上の論文の中で最も含蓄多きものの随一であって、1825 年のコーシーの虚数積分論などとは比較にならない高調子のものであった。

アーベルはパリ留学を終えて帰国した後に「楕円関数研究」という論文を執筆した．今日のすべての楕円関数論の礎石となった重要な論文だが，パリで心血を注いで書き上げたのは，楕円関数よりもはるかに一般的なアーベル積分を対象とする「パリの論文」のほうであった．執筆の順序が逆転しているような印象があるが，アーベルにはアーベルの心情があり，手持ちの最高の研究成果をアカデミーに提出したかったのであろう．

代数的に解けるすべての方程式の探索

　話があまり一般的になってしまってもつまらないので，ひとまずこのくらいにして，『近世数学史談』からアーベルのパリ便りの引用を続けたいと思う．「パリの論文」については後にあらためて語る機会がある．

　　僕はその外にもいろいろ論文を書いて，特にクレルレ誌の初めの3冊に載せた．ジェルゴン (*Gergonne*) の *Annales* にも出したが，あれは日に日に低下する．あまり古くなってしもうたのだ…

　　僕の方程式解法不可能の論文の概要が *Ferussac* の *Bulletin* に載った．あれは僕が自分で書いたのだ．この雑誌へはこの後も書くつもりだ．人の書いた論文を解題するなどは恐ろしくいやなことだが，僕はクレルレの為にはそれを忍ぶのだ．彼は想像し得る最も善い人だ．僕は断えず彼と書信を交換している．僕の所に彼の手紙が随分溜った．僕

5. アーベルの大旅行

の約婚からの分と凡そ同じほどであろう．

「ジェルゴン（Gergonne）の Annales」と「Ferussac（フェリュサック）の Bulletin」については既述の通り．「僕の約婚」というのはアーベルの婚約者のクリスティーネ・ケンプのことである．アーベルより二歳年下で，少し前にデンマークに滞在したおりに出会ったのである．

このあたりの記述は数学とは関係がないが，ここから先は少しの間，代数方程式論の話題が続く．

> 僕は今方程式論について仕事をしている．僕の得意の題目だが，到頭次の一般的の問題を解く手掛りが見付かったようだ．それは「代数的に解き得る凡ての方程式の形を決定すること」というのだ．僕は五次，六次，七次等々のそれらを無数に見出した．今までそれを嗅ぎつけたものはあるまいと思う．

「代数的に解き得る凡ての方程式の形を決定すること」という構えの大きな問題が提示されたが，アーベルの独創がありありと現われるのはこのような問題においてである．ガロアとは全然違い，ガウスといえども決してこんなふうには考えなかったであろう．

「不可能の証明」を越えて

「代数的に解きうるすべての方程式の形を決定すること」という，極度に一般的な問題を設定し，しかもその解決の手掛りを

得たと，アーベルはホルンボエに報告した．この時点ではすでに「不可能の証明」に成功していたのであるから，代数方程式論におけるアーベルの探究は「不可能の証明」に限定されていたのではないことが諒解されるのである．「代数的に解ける方程式」と「代数的に解けない方程式」の区分けを左右する根本の要因を探索していたのであろうと思われるが，独特なのはその際の探索の様式で，代数的に解ける方程式の形を一般的に決定しようというのである．気宇はあまりにも広大で，もし本当にそのようなことができたなら，「不可能の証明」などはそこから簡単に導かれてしまう．なぜなら，ある方程式が提示されたとき，代数的に解けるか否か，その形を一瞥するだけでたちまち判別されてしまうからである．ただし，これはもちろん話が逆で，「不可能の証明」が成立するからこそ，「代数的に解ける方程式」と「代数的に解けない方程式」の識別ということが問題になりうるのである．

アーベルの手紙の続きを見ると，こんなことが書かれている．

> 同時に僕は最初の四つの次数の方程式の最も直接なる解法を得た．それに由れば，何故にこれらだけが解けて，他のものは解けないかが甚だ明白に理会されるのである．(『近世数学史談』から引用した．)

最初の四つの次数の方程式というのは，1次，2次，3次，それに4次の代数方程式のことで，これらはみな代数的に可解である．次数がもう一段上がって5次方程式になると，一般に代数的に解くのは不可能になるというのがアーベルの「不可能の証明」の主張だが，ではなぜ最初の四つの方程式だけが代数的に解けるのだろうかと問えば，完全に解明されたわけではなく，謎は

5. アーベルの大旅行

依然として残されている．

　この問題を考えるうえで参考になるのはラグランジュの思索である．1次方程式の解法は自明であり，問題になりえない．2次方程式の根の公式は早くから世界の各地で知られていたが，簡単な式変形にすぎず，謎めいた事情は何もない．3次と4次の方程式の解法はむずかしいが，16世紀のイタリアのカルダノの時代以来，いろいろな人の手が加わってさまざまな解法がみいだされた．このような状勢を受けて，ラグランジュは「ラグランジュの分解式」に着目し，さまざまな解法を統一的な視点から説明しようと試みたのであった．ラグランジュの分解式が満たす方程式は「還元方程式」と呼ばれるが，その還元方程式の次数を定めるのは，「ラグランジュの分解式」を構成する諸根に置換を施す際に現れる値の個数である．ラグランジュが根の置換に着目したと言われるのは，まさしくこの場面においてであり，このアイデアがガロアに継承されたという見方は今日の定説のひとつを形作っているのではないかと思う．ここではこの定説に検討を加えることはしないが，ガロア理論の立場から見れば，なぜはじめの四つの次数の方程式だけが云々という疑問に対しては，方程式のガロア群の構造，すなわち可解群か否かという判断をもって答えるのが至当である．だが，アーベルの思索はガロアとはまったく異なっていた．

　上に引いた言葉に続いて，アーベルは特に5次方程式の解法について重要なひとことを言い添えた．これも『近世数学史談』からの引用である．

　　特に五次方程式に関しては，若しもそれが代数的に解かれるならば，根の形は次のようでなければならないことが

分った．
$$x = A + R^{\frac{1}{5}} + R'^{\frac{1}{5}} + R''^{\frac{1}{5}} + R'''^{\frac{1}{5}}$$
ここで R, R', R'', R''' は一つの四次方程式の四つの根で，それらは平方根ばかりで表わされるのだ．ここで困難であったのは式と符号とであった．

5次方程式の根の公式は存在しないことを承知したうえで，アーベルは5次の代数的可解方程式の根の形に関心を寄せている．ガウスにもガロアにも見られない出来事であり，印象はきわめて神秘的である．

6 不可能の証明

6. 不可能の証明

パオロ・ルフィニを知る

　アーベルによる「不可能の証明」の観察に先立って，アーベルと同じ道を歩もうとしたもうひとりの人，パオロ・ルフィニについて語っておきたいと思う．パリをめざす大旅行に出発したアーベルは，ベルリン，ライプチヒ，フライベルク，ドレスデン，プラハを経て，1826年4月14日の夕刻，ウィーンに到着した．ウィーン滞在は5月末まで6週間ほどに及んだが，この間，ウィーンで「物理および数学誌」という新しい学術誌が創刊されるという出来事があった．創刊号が刊行されたのはいつのことだったのか，正確な日付は不明だが，アーベルのウィーン滞在中に第2号まで出て，その第2号に掲載された匿名の著者の論文がアーベルの目に留まった．

　この年，すなわち1826年のはじめ，「クレルレの数学誌」の創刊号にアーベルの「不可能の証明」の改訂版が掲載されたが，「匿名の著者」はそのアーベルの論文に触発されたと明記したうえで，イタリアの数学者で医者でもあるパオロ・ルフィニの1799年と1813年の論文を紹介した．ルフィニはアーベルと同じく「不可能の証明」を試みた人物である．ルフィニ自身は証明に成功したと信じたようで，ラグランジュに宛てて何度も手紙を書いて研究の結果を伝えたが，反応は何もなかった．ルフィニはラグランジュの論文「省察」に触発されて「不可能の証明」を確信するようになったようで，置換の理論を基礎にして証明を構成しようとしたが，ルフィニの証明には肝心のところに欠陥があり，正しい証明とは言えなかった．

　ストゥーブハウグは「あらゆる状況から判断して，アーベルは

この匿名論文を見るまではルフィニの研究を知らなかったのである」と書いている．他方，アーベルの 1824 年の 6 頁の小冊子，すなわち一番はじめの「不可能の証明」はこんなふうに書き出されている．

　　幾何学者たちは代数方程式の一般的解法を求めて研究に打ち込んできたが，何人かの人は「不可能であること」を証明しようとした．だが，私がまちがっていないなら，これまでのところ成功した人はいない．

自分より前に「不可能の証明」を試みた人がいたことを認識していた様子が読み取れるが，アーベルは学生時代に 1815 年のコーシーの論文を読んでいて，しかもそのコーシーの論文にはルフィニの論文を参照するようにとの指示が見られるのであるから，その時点ですでにルフィニの名に着目したとしても不思議ではない．ガウスが「不可能であること」を確信していたことも承知していたが，ガウスは確信を表明するのみで証明そのものは公表しなかったのであるから，「試みたが成功しなかった人たち」の仲間に数えてもよさそうである．

ルフィニは 1765 年 9 月 22 日にイタリアのヴァレンターノというコムーネに生まれ，1822 年 5 月 10 日，アーベルが満 19 歳のときに亡くなった．

パオロ・ルフィニ

ルフィニの生地のヴァレンターノは現在ではイタリア共和国ラ

6. 不可能の証明

ツィオ州ヴィテルボ県のコムーネだが，ルフィニの時代には教皇領であった．ヴァレンターノで幼児をすごした後，ルフィニの家族はレッジョ公国に移った．現在の地名でいうと，イタリア北部にエミリアーロマーニャ州があり，この州に所属する県のひとつにレッジョ・エミリアがある．レッジョ・エミリア県の県都もまた同名の町だが，ここがかつてのレッジョ公国にあたる．

ルフィニは5次方程式の研究に専念し，1799年，

> 『方程式の一般理論：4次を越える次数の一般方程式の代数的解法は不可能であることが証明される』

という著作を刊行した．全2巻の大著作である．第1巻は序文6頁，本文507頁，全20章．巻末に正誤表が附されている．第2巻の実物は未見だが，ルフィニの全集(全3巻)に収録されている．

1801年，ルフィニはラグランジュに著作を送付した．ラグランジュはイタリアのトリノに生まれた人であり，何よりもルフィニはラグランジュの論文「省察」に触発されて，この方面の研究に向かったのである．ラグランジュの前の時代を顧みても，イタリアにはシピオーネ・デル・フェッロ，タルタリア，フェラリ，カルダノなど，ヨーロッパ近代の代数学研究の泉が存在した．ルフィニには，この流れの継承者であるという自覚と自負があったのであろう．

ルフィニの証明は方程式の諸根に作用する置換の働きを解析するというもので，ルフィニはこのアイデアをラグランジュに借りたのである．ラグランジュはルフィニの研究の理解者でありうる唯一の人物であり，ルフィニ自身，そのように信じたからこそ，ラグランジュに著作を謹呈して所見を求めたのである．だ

が，ラグランジュからの返信は得られなかった．ルフィニはラグランジュのもとに著作が届かなかったのではないかと案じ，もう一度，送付したが，やはり返事はなかった．翌1802年，ルフィニはまた手紙を書いたが，状況は変わらなかった．ルフィニが望んでいたラグランジュの所見はついに得られなかったのである．

ルフィニはラグランジュのほかにもあちこちに著作を送付したが，どこからもはかばかしい反応は届かなかった．中にはピサ大学のパオリのような人がいて，興味をもって読んだと暖かい言葉をかけてくれたが，肝心の著作の中味についてはパオリは理解しなかったように思われた．そのためルフィニは，理解されないのは書き方が悪かったためではないかと反省したようで，幾度となく改訂の試みを続けたのである．一番最後の改訂版は「一般代数方程式の解法に関する省察」という論文で，1813年に刊行された．ラグランジュの論文「省察」と標題がそっくりであり，見る者の感慨を誘う．

「不可能の証明」が成立することを確信し，証明を試みた最初の人はまちがいなくルフィニである．1826年6月，アーベルがウィーンで目にしたのはルフィニの1799年の著作と1813年の論文を紹介するエッセイであった．

アーベルの成功とルフィニの失敗

ルフィニの心にはイタリアの代数方程式論の研究史に誇りがあり，大先達のラグランジュを尊敬し，実際にラグランジュの論文「省察」に手がかりを求めて「不可能の証明」に向かっていった．この間の経緯は既述の通りだが，顧みるといくつかの素朴な疑問

6. 不可能の証明

に出会う．第一に，ラグランジュはなぜルフィニの手紙を無視したのであろうか．第二に，ルフィニの証明には欠陥があり，成功したとは言えないが，ルフィニの失敗とアーベルの成功を分けた根本的な要因はどのようなものだったのであろうか．

これらの論点を念頭に置いたうえで，ルフィニとアーベルを結ぶ線をもう少し明確にしておきたいと思う．ルフィニの1799年の著作はヨーロッパのほぼすべての数学者から黙殺されたが，ただひとり，コーシーという例外が存在した．コーシーはルフィニの著作に触発されて「置換の理論」を展開し，1812年11月30日，「対称関数について」という表題の論文を科学アカデミーで報告した．この論文は1815年のエコール・ポリテクニクの紀要に掲載され，アーベルも読んだのであるから，コーシーを通じてルフィニの研究を承知していたのではないかという推定は可能である．ただし，この時点ではまだルフィニの大著を入手したとは考えにくく，実際に読んだということはなかったであろう．

コーシーの論文「対称関数について」はコーシー全集，第2系列，第1巻の64頁から169頁まで，106頁を占める大きな作品である．コーシーの全集は二系列で構成されていて，第1系列は全12巻，第2系列は全15巻，計27巻に達する．

コーシーの「置換の理論」を観察していかにも不可解なのは，代数方程式の解法理論への関心がまったく見られないという事実である．ラグランジュからの成り行きを回想すると，ラグランジュは3次と4次の代数方程式のさまざまな解法を同じひとつのアイデアに基づいて説明しようと試みて，「ラグランジュの分解式」を提案し，そこに「置換の理論」を適用した．このアイデアは非常に有効で，所期の目的は十分によく達成されたが，「ラグランジュの分解式」に課された本来の課題は，同じアイデアに基づい

170

て5次以上の代数方程式を解くことであった．ラグランジュはこの論点を詳細に論じたが，明快な結論は得られなかった．

ラグランジュの「省察」に学んだルフィニはラグランジュ本人とは正反対の考えに傾き，ラグランジュのアイデアを全面的に採用しつつ，「不可能の証明」に向かって歩を進めていった．両者はこの一点において根本的に隔たっているのである．「不可能の証明」を確信したところにはルフィニの創意が現れているが，「解の公式の存在」を信じていたラグランジュの目には，ルフィニの試みは荒唐無稽と映じたことであろう．アーベルの論文に関心を示さなかったガウスのように，ラグランジュはルフィニの著作を受け取っても目を通す気持ちにならなかったのではあるまいか．

「不可能の証明」は，不可能であることを信じることができてはじめて解決の道筋が見えてくる問題であるから，ルフィニもアーベルも証明の機会は等しく手にしていた．コーシーはラグランジュとルフィニの代数方程式論から「置換の理論」だけを抽出して洗練させる方向に進んだが，コーシーが明らかにした事実はアーベルの「不可能の証明」にも生きているのであるから，「置換の理論」は代数方程式論と無関係というわけではない．だが，「不可能の証明」が完成するためには，「方程式が代数的に解ける」という現象に寄せる省察や，「代数的に解ける方程式の本性」に対するある種の洞察が不可欠であり，「置換の理論」だけでは「不可能の証明」には届かない．「置換の理論」のみに依拠したルフィニは「不可能の証明」に失敗し，代数的に解ける方程式の根の形状を深く追求したアーベルは成功した．このあたりが両者の分かれ道であった．

「不可能の証明」

「不可能の証明」を叙述するアーベルの論文「4次を越える一般方程式の代数的解法は不可能であることの証明」の概要を見よう．アーベルはこの論文をフランス語で書いたが，「クレルレの数学誌」第1巻(1826年)に掲載される際にクレルレがドイツ語に翻訳した．アーベルの没後に編纂された全集にはフランス語の原論文が収録された．

本文を構成する四つの章は下記の通りである．

第1章　代数関数の一般的形状について
第2章　与えられた方程式を満たす代数関数の諸性質
第3章　いくつかの量の関数が，そこに包含されている諸量を相互に入れ換えるときに獲得しうる相異なる値の個数について
第4章　5次方程式の一般的解法は不可能であることの証明

アーベルの表記法にならって，x', x'', x''', $\cdots$ は有限個の任意の量を表すものとし，ν はこれらの量の代数関数としよう．ここで，代数関数というのは，提示された量に加減乗除の四則演算と，冪根を取る演算(これらの5演算を総称して**代数的演算**ということがある)とを組み合わせて作用させることによって作られる量のことである．「代数関数」というのはアーベルが使用している用語だが，アーベルの別の論文では**代数的表示式**という言葉が用いられている．

代数関数 ν の次数を m，位数を μ とする．アーベルはまず ν

が許容しうる最も一般的な形状の決定を試みて，

$$\nu = q_0 + p^{\frac{1}{n}} + q_2 p^{\frac{2}{n}} + q_3 p^{\frac{3}{n}} + \cdots + q_{n-1} p^{\frac{n-1}{n}}$$

という表示に到達した(第1章)．ここで，n は素数，q_0, q_2, …, q_{n-1} は次数 m，位数 μ の代数関数，p は位数 $\mu-1$ の代数関数である．また，$p^{\frac{1}{n}}$ を q_0, q_2, …, q_{n-1} を用いて有理的に表示することはできない．代数関数の**次数**というのは，代数関数を組み立てる際に使用される冪根の総個数である．**位数**の説明はやや冗長になるが，冪根を取る段階を新たにひとつ踏むたびに，そのつどひとつずつ位数が増加する．「次数」と「位数」は代数関数を組み立てる様式の観察を通じて，アーベルが取り出した概念である．

続いてアーベルはこのような形状の確定を梃子として，いわゆる**代数的解法の原則**」(アーベルがそう呼んでいるわけではない)を確立した(第2章)．アーベルはこれを次のように表明した．

もしある方程式が代数的に解けるとするなら，その方程式の根に対してつねに，「それを組み立てるのに使われる代数関数はどれも，提示された方程式の根の有理関数を用いて表示される」という性質を備えた形状を与えることができる．

「不可能の証明」の鍵を握るのはこの事実である．代数的に解ける方程式の根は代数的に表示されるが，その表示式はいくつもの冪根が組み合わされて作られている．アーベルは，それらはどれも，提示された方程式の根の有理式として表示されるというのである．ラグランジュは論文「省察」において3次と4次の方程式のさまざまな解法の根源を追い求め，「ラグランジュの分解式」を見いだした．ラグランジュの分解式は根の有理式であり，適当

に設定された分解式から出発することにより，代数的解法が手に入る．ラグランジュ以前に発見された解法の相違は，出発点に定めた分解式の取り方の相違に起因して生じるというのが，ラグランジュの「省察」の主張であった．アーベルが表明した「代数的解法の原則」には，このラグランジュの思想の影響が顕著である．ラグランジュは高次方程式が「解ける」と確信して分解式を導入したが，アーベルは「解けない」ことを示そうとして分解式に依拠しようとした．ラグランジュは分解式から出発して根を表示する代数的な式を見つけようとしたが，アーベルは，もし解けるとするなら，根の形はこのようでなければならないというふうに議論を詰めて，そのようにして獲得された形状に現れる冪根はラグランジュの分解式でなければならないことを明らかにした．「解ける」も「解けない」も目に映る具体的な情景は同じだが，「解ける」と思って進めば実りはなく，「解けない」と思って逆の方向に歩を進めれば「不可能の証明」に到達する．成否を決定するのは最初の洞察であり，アーベルはこれをガウスに学んだのである．

「代数的解法の原則」を補足して，アーベルは置換に関するコーシーの定理などを援用して次に挙げる定理を証明した（第3章）．

> いくつかの（有限個の）量 $(x_1, x_2, \cdots, x_n)$ の（有理）関数があるとし，その関数は（量 $x_1, x_2, \cdots, x_n$ に置換を施すとき）相異なる m 個の値をもつとしよう．そのときつねに，これらの量の対称関数を係数とし，しかもここで言われている（相異なる m 個の）値を根とする m 次方程式を見つけることができる．だが，m 個の値のうちのひとつもしくはいくつかを根とする，同じ形の低次数の方程式を見つけることはできない．

この定理を「代数的解法の原則」と結び合わせると，多少の補助的考察を重ねて「不可能の証明」が完成するというのが，アーベルの証明の骨格である．そこでこのような証明の本質の所在を問いたいと思う．ガロア理論の視点から見れば，代数的解法の原則の確立という一事は体の理論への連想を誘い，コーシーの置換の理論が適用される場面には，ラグランジュに端を発し，ルフィニ，コーシーを経てガロアへと連なる置換群論の系譜を思わせるものがある．全体として，アーベルの証明はガロア理論形成史のひとこまであるかのように見えるのである．だが，代数的解法の原則と置換の理論の適用に先立って，アーベルは代数関数の一般表示式の形を究明した．この究明はラグランジュにもガウスにもガロアにも見られない．代数的解法の原則も置換の理論も，この真にアーベルに独自な思索の土台があってはじめて本来の力を発揮するのである．**アーベルの代数方程式論は置換群論と関係がないわけではないが，根幹を作る基本理念は代数関数の一般表示式の究明である**．アーベルの全集の中には，この事実を裏づけるに足る落穂のような記述が散見する．それらを丹念に拾いたいと思う．

四つの断片

断片(1)　1826年3月14日付クレルレ宛書簡より

　もし有理数を係数とする5次方程式が代数的に解けるなら，その根に次のような形を与えることができる．

6. 不可能の証明

$$x = c + A \cdot a^{\frac{1}{5}} \cdot a_1^{\frac{2}{5}} \cdot a_2^{\frac{4}{5}} \cdot a_3^{\frac{3}{5}} + A_1 \cdot a_1^{\frac{1}{5}} \cdot a_2^{\frac{2}{5}} \cdot a_3^{\frac{4}{5}} \cdot a^{\frac{3}{5}}$$
$$+ A_2 \cdot a_2^{\frac{1}{5}} \cdot a_3^{\frac{2}{5}} \cdot a^{\frac{4}{5}} \cdot a_1^{\frac{3}{5}} + A_3 \cdot a_3^{\frac{1}{5}} \cdot a^{\frac{2}{5}} \cdot a_1^{\frac{4}{5}} \cdot a_2^{\frac{3}{5}}$$

ここで,

$$a = m + n\sqrt{1+e^2} + \sqrt{h(1+e^2+\sqrt{1+e^2})}$$
$$a_1 = m - n\sqrt{1+e^2} + \sqrt{h(1+e^2-\sqrt{1+e^2})}$$
$$a_2 = m + n\sqrt{1+e^2} - \sqrt{h(1+e^2-\sqrt{1+e^2})}$$
$$a_3 = m - n\sqrt{1+e^2} - \sqrt{h(1+e^2-\sqrt{1+e^2})}$$
$$A = K + K'a + K''a_2 + K'''aa_2,$$
$$A_1 = K + K'a_1 + K''a_3 + K'''a_1a_3,$$
$$A_2 = K + K'a_2 + K''a + K'''aa_2,$$
$$A_3 = K + K'a_3 + K''a_1 + K'''a_1a_3,$$

量 $c, h, e, m, n, K, K', K'', K'''$ は有理数である.

だが, a と b が任意の量である限り, 方程式 $x^5 + ax + b = 0$ はこのようには解けない. 私は7次, 11次, 13次等々の方程式に対しても同様の定理を発見した.

係数が有理数に限定されているところが際立った印象を与えるが, 後年, クロネッカーはこのアーベルの片言に着目し, **虚数乗法論**の端緒を開くことに成功した.

断片(2)　1826年10月24日付のホルンボエ宛の書簡より
これは前に高木貞治の『近世数学史談』から引いて紹介した通りである. 肝心な一事のみを再現しておくと, アーベルは代数的に解ける5次方程式の根の一般形を得たことを報告し,

$$x = A + \sqrt[5]{R} + \sqrt[5]{R'} + \sqrt[5]{R''} + \sqrt[5]{R'''}$$

176

という形を書き留めた．ここで，R, R', R'', R''' はある 4 次方程式の 4 個の根であり，しかも平方根のみを用いて表示される．断片 (1) で報告された形状とは著しく異なっているが，代数的に解ける方程式の根の形状はひとつではなく，かえって何通りもの形が可能なのである．アーベルは目的に応じてさまざまな形を見い出したのであろう．

断片 (3)　1827 年 3 月 4 日付ホルンボエ宛書簡より

　方程式の理論において，ぼくは次のような問題を解決した．「代数的に解ける，ある定まった次数の方程式をすべて見いだせ．」この問題の中には，他のすべての問題が包含されている．この問題の解決により，ぼくは非常に多くのすばらしい定理に到達した．

「代数的に解きうるすべての方程式の形を決定すること」という問題は断片 (2) でもすでに語られていて，アーベルはこれを解決する手段を見つけたと報告した．それから 4 か月余りの歳月が経過して，今度は解決したことが伝えられた．代数的可解方程式のすべてを手中にすることに成功したとアーベルは言う．後述するように，この成果は「不可能の証明」と実質的に同じものである．

断片 (4)　1828 年 11 月 25 日付ルジャンドル宛書簡の末尾の言葉

　私は幸にも，提示された任意の方程式が**冪根**を用いて解けるか否かの判定を可能にしてくれる確実な法則を見つけました．私の理論から派生する命題として，4 次を越える方程式

を(代数的に)解くのは一般に**不可能**であることが示されます．(アーベルの全集から引用したが，ゴシック体の語句はイタリック体で記されている.)

　断片(1)(2)(3)は，アーベルが考察の対象として設定した二つの問題を教えている．ひとつは

　　問題(A)　代数的に解ける方程式をすべて見つけること．(断片(2)(3))

という問題であり，もうひとつは

　　問題(B)　代数的に解ける方程式の根の形状を明示する一般的な表示式を見つけること．(断片(1)(2))

という問題である．また，断片(4)は，アーベルはアーベルに固有の仕方で代数的可解性の判定基準を得たことを伝えている．この言葉を二問題(A)(B)に照らすとき，アーベルの究明の背景に何かしら大きな理論の広がりが感知されるように思う．アーベルの二つの遺稿はこの論点の解明にあたって貴重な手掛かりをもたらしてくれるであろう．

二つの遺稿

　アーベルは代数方程式論の領域において未公表の二つのノートを書き遺した．ひとつは

[A-1]　方程式の代数的解法について（執筆時期は1828年後半と推定される．アーベル全集，第2巻，217-243頁）

であり，もうひとつは

[A-2]　方程式の代数的解法の新しい理論（同上，329-331頁）

である．[A-2]は[A-1]の諸言のはじめの部分の改訂稿である．[A-1]に附されている長文の諸言とその改訂稿[A-2]を参照することにより，代数方程式論におけるアーベルの基本理念の姿を概観することができる．「不可能の証明」から出発したアーベルは，「不可能の証明」を越えた地点に達しているのである．[A-1]の本文は未完成であり，スケッチの域を出ない箇所も目立つが，全体として相当にまとまりのある叙述であり，アーベルの理論の全容はおおよそ描かれていると思う．編成は下記の通りである．

第1章　代数的表示式の一般的形状の決定
第2章　ある与えられた代数的表示式が満たしうる最低次数の方程式の決定
第3章　ある与えられた次数をもつ既約方程式を満たしうる代数的表示式の形状について

[A-1]の諸言は次のように書き出されている．

　代数学のもっとも興味深い諸問題のひとつは，方程式の代数的解法の問題であり，卓越した地位を占めるほとんどすべ

6. 不可能の証明

ての幾何学者たちがこのテーマを論じてきたという事実もまた認められる．4次方程式の根の一般的表示に到達するのに困難はなかった．4次方程式を解くための首尾一貫した方法も見つかったし，しかもその方法は任意次数の方程式に対しても適用可能であるように思われた．だが，ラグランジュや他の傑出した幾何学者たちのありとあらゆる努力にもかかわらず，（代数方程式の代数的解法の発見という）提示された目的に到達することはできなかったのである．このような事態には，一般的な方程式の解法を代数的に遂行するのは不可能なのではないかと思わせるに足るものがあった．だが，これは決定不能な事柄である．なぜなら，採用された方法により何らかの結論へと達しうるのは，方程式が可解である場合に限定されているからである．実際，はたして可能なのかどうかを知らないままに，永遠に探索を続けられることになってしまうのである．それゆえ，このような仕方で確実に何らかの事物に到達しようとするには，他の道を歩まなければならない．この問題に対して，それを解くことが可能であるような形を与えなければならないが，…

方程式の代数的解法の問題に対して，それを解くことがつねに可能であるような形を与えなければならない．アーベルはそう宣言したうえで，「方程式の代数的解法の全容を包摂する」（アーベルの言葉）二問題，すなわち

1 代数的に解ける任意次数の方程式をすべて見いだせ．
2 ある与えられた方程式が代数的に可解であるか否かを判定せよ．

180

という問題を提示した．問題1はすでにアーベルの断片の中に現れていた問題(A)そのものにほかならない．そのうえ，これらの二問題は「結局のところ同じもの」(アーベルの言葉)である．

　これらの二問題の考察こそ，この論文のねらいとするところである．そうして，たとえ完全な解決は与えないにしても，完全な解決へといたる手法を指し示したいと思う．これらの二問題は相互に緊密に結ばれていることがわかるが，その結果，前者の問題の解決は必然的に後者の問題の解決を導かなければならない．結局のところ，これらの二問題は同じものなのである．研究の流れの中で，方程式に関する多くの一般的命題—方程式の可解性や根の形状に関するもの—に達するであろう．方程式の代数的解法について言うなら，方程式の理論というのはまさしくこれらの一般的性質から成り立っているのである．これらの一般的性質のひとつは，たとえば，4次を越える一般方程式を代数的に解くのは不可能である，というものである．

解決の指針はおのずと示される．

　… われわれの問題を解決するための自然な歩みは，問題の言明に即しておのずとその姿を現してくる．すなわち，提示された方程式において，未知量のところにもっとも一般的な代数的表示式を代入しなければならない．その次に，はたしてその方程式をそのようにして満たすことは可能なのかどうかという点を究明しなければならない．

6. 不可能の証明

こうして，まずはじめに解かなければならないのは，

　　代数的表示式というものの最も一般的な形状を見いだせ．

という問題である．「不可能の証明」を叙述した論文の第一章で取り上げられていたのはこの問題である．そこで与えられた解答はもとより完全な一般性を獲得しているわけではないが，「不可能の証明」が可能になる程度には達している．続いて，

　　ある代数関数が満たしうる方程式を，存在する限りすべて見いだせ．

という問題が設定されるが，もしこの問題が首尾よく解決されたなら，そのとき問題1(すなわち問題(A))の解答を手にしたことになる．するとその結果，問題2もまた自動的に解決される．なぜなら，すべての代数的可解方程式がすでに手中にある以上，ある与えられた方程式が代数的に可解であるか否かを知るには，その方程式を代数的可解方程式のリストに照らして比較しさえすればよいからである．問題2の解決としてはこのように歩を進めるのが最も自然であり，少なくとも理論的にはこれで完璧である．

　これに対し，たとえ何らかの代数的可解条件が得られて，首尾よく代数的可解性の判定が可能になったとしても，それだけではまだ問題2におけるアーベルの要請に完全に応えたと即断することはできない．単に代数的可解条件というだけでは，「代数的可解方程式の真の性質を明るみに出すというよりも，かえって覆い隠す役割を果たしてしまう」(クロネッカーの言葉)こともある

のである．事の本質は問題2の解決それ自体にではなく，解決の仕方に宿っている．上記のような自然な歩みが実際に歩まれたとき，そのときはじめて，二問題1,2は同じものであるというアーベルの言葉の意味を正しく諒解することができるのである．

だが，この道筋を実際に歩むのは至難である．なぜなら，

> …個々の特別の場合において，あの最も簡単な方程式を作るための一般規則は確かに設定されたとはいうものの，その規則に基づいてその方程式それ自身を手にするにはなお遠いからである．そうしてたとえ首尾よくその方程式を見つけることに成功したとしても，かくも複雑な諸係数が，提示された方程式の諸係数と実際に等しいかどうかを，いかにして判定せよというのであろうか．

という状勢が認められるからである．そこでアーベルは「他の道を通ることによって，提出された目的地に到達した」（アーベルの言葉）．すなわち，アーベルは視点を転換し，

> ある与えられた次数を有する方程式を満たしうる，最も一般的な代数的表示式を見いだせ．

という問題を設定するのである．これが問題(B)である．

三つの代数的表示式

問題(B)に対する解答は別段一通りに限られるわけではない．

6. 不可能の証明

考察の対象を素次数方程式に限定して、アーベル自身、論文 [A-1] において都合3種類の「根の表示式」を報告している。次に挙げるのは**第1表示式**を表明するアーベルの言葉である。

素次数 μ をもつ既約方程式が代数的に解けるとするなら、その諸根は次のような形をもつ。
$$y = A + \sqrt[\mu]{R_1} + \sqrt[\mu]{R_2} + \cdots + \sqrt[\mu]{R_{\mu-1}}$$
ここで、A は有理量であり、$R_1, R_2, \cdots, R_{\mu-1}$ はある $\mu-1$ 次方程式の根である。

第2表示式は、アーベルの記号をそのまま用いると、
$$z_1 = p_0 + s^{\frac{1}{\mu}} + f_2 s \cdot s^{\frac{2}{\mu}} + f_3 s \cdot s^{\frac{3}{\mu}} + \cdots + f_{\mu-1} s \cdot s^{\frac{\mu-1}{\mu}}$$
というふうになる。ここで、z_1 は対象として取り上げられている既約な代数的可解方程式の根、μ はその方程式の次数、s は既知量を用いて組み立てられる代数関数、p_0 は既知量の有理関数、最後に $f_2 s, \cdots, f_{\mu-1} s$ は s と既知量の有理関数を表している。

アーベルの究明はさらに進む。上記の第2表示式において量 s が満たす最低次数の代数方程式（その作り方は第2章で示されている）を $P = 0$ とすると、この方程式は**巡回方程式**である。すなわち、この方程式の根 $s, s_1, s_2, s_3, \cdots, s_{\nu-1}$（$\nu$ は方程式 $P = 0$ の次数を表す）は、θs は s と既知量との有理関数として、

$$s, \ s_1 = \theta s, \ s_2 = \theta^2 s, \ s_3 = \theta^3 s, \cdots, s_{\nu-1} = \theta^{\nu-1} s$$

という形に表示されるのである（巡回方程式はガウスが発見した概念である）。そのうえ、s の有理関数 $a, a_1, a_2, \cdots, a_{\nu-1}$ を適切に作ることにより、

$$s^{\frac{1}{\mu}} = A \cdot a^{\frac{\alpha}{\mu}} \cdot a_1^{\frac{m\alpha}{\mu}} \cdot a_1^{\frac{m2\alpha}{\mu}} \cdots a_{\nu-1}^{\frac{m^{(\nu-1)\alpha}}{\mu}}$$

$$s_1^{\frac{1}{\mu}} = A_1 \cdot a^{\frac{m\alpha}{\mu}} \cdot a_1^{\frac{m2\alpha}{\mu}} \cdot a_2^{\frac{m3\alpha}{\mu}} \cdots a_{\nu-1}^{\frac{1}{\mu}}$$

....

$$s_{\nu-1}^{\frac{1}{\mu}} = A_{\nu-1} \cdot a^{\frac{m^{(\nu-1)\alpha}}{\mu}} \cdot a_1^{\frac{\alpha}{\mu}} \cdot a_2^{\frac{m\alpha}{\mu}} \cdots a_{\nu-1}^{\frac{m^{(\nu-2)\alpha}}{\mu}}$$

(m は素数 μ の原始根)

となるようにすることができる．しかもこれらの ν 個の関数 $a, a_1, a_2, \cdots, a_{\nu-1}$ はそれら自身，ある ν 次既約巡回方程式の根である．そうして z_1 は，

$$z_1 = p_0 + s^{\frac{1}{\mu}} + s_1^{\frac{1}{\mu}} + s_2^{\frac{1}{\mu}} + \cdots + s_{\nu-1}^{\frac{1}{\mu}}$$

$$+ \varphi_1 s \cdot s^{\frac{m}{\mu}} + \varphi_1 s_1 \cdot s_1^{\frac{m}{\mu}} + \varphi_1 s_2 \cdot s_2^{\frac{m}{\mu}} + \cdots + \varphi_1 s_{\nu-1} \cdot s_{\nu-1}^{\frac{m}{\mu}}$$

$$+ \varphi_2 s \cdot s^{\frac{m^2}{\mu}} + \varphi_2 s_1 \cdot s_1^{\frac{m^2}{\mu}} + \varphi_2 s_2 \cdot s_2^{\frac{m^2}{\mu}} + \cdots + \varphi_2 s_{\nu-1} \cdot s_{\nu-1}^{\frac{m^2}{\mu}}$$

....

$$+ \varphi_{\alpha-1} s \cdot s^{\frac{m^{\alpha-1}}{\mu}} + \varphi_{\alpha-1} s_1 \cdot s_1^{\frac{m^{\alpha-1}}{\mu}} + \varphi_{\alpha-1} s_2 \cdot s_2^{\frac{m^{\alpha-1}}{\mu}} + \cdots + \varphi_{\alpha-1} s_{\nu-1} \cdot s_{\nu-1}^{\frac{m^{\alpha-1}}{\mu}}$$

($\alpha = \dfrac{\mu-1}{\nu}$，$\varphi_1 s, \varphi_2 s, \cdots, \varphi_{\alpha-1} s$ は s と既知量の有理関数)

というふうに書き表される．これが**第3表示式**である．特に $\mu=5$ の場合，この第3表示式はアーベルの断片 (1) における根の表示式を与えている．

C.J. マルムステンは論文「代数方程式の解法の研究」(「クレルレの数学誌」34, 46-74 頁，1847 年) においてアーベルの遺稿 [A-1] を精密に補填し，最後に「定理 X」として，

μ は素数とするとき，もし $\mu>3$ なら，μ 次の既約方程式は一般に代数的に可解ではない．

6. 不可能の証明

という定理を書き添えた．注目しなければならないのはその証明法である．すなわち，マルムステンは，μ次の一般既約方程式が代数的に可解であるという仮定のもとで，その方程式の根の第1表示式と第2表示式を組み合わせることにより，たちどころに矛盾を導いたのである．

こうして**問題(B)の究明の中から，根の置換の考察が立ち入る余地もないままに「不可能の証明」が取り出された**．アーベルの洞察の正しさを明示する証明であり，真に画龍点睛の名に値する出来事である．

アーベル方程式の構成問題への道

最後にアーベルが提案した**アーベル方程式**について言及しておきたいと思う．円周等分方程式は次数の如何にかかわらずいつでも代数的に可解である．これはガウスが示した事実だが，アーベルはこれに触発されて「アーベル方程式の概念を提案し，**アーベル方程式は代数的に可解である**という事実を確立した．

アーベル方程式の初出は1829年の論文

「ある特別の種類の代数的可解方程式族について」(「クレルレの数学誌」4, 131-156頁, 1829年)

である．アーベルはこの論文において次に挙げる定理を証明した．

ある任意次数の方程式の根は,すべての根がそれらのうちのひとつを用いて有理的に表示されるという様式で,相互に結ばれているとしよう.そのひとつの根を x で表そう.また,さらに,$\theta x, \theta_1 x$ は他の二根を表すとするとき,
$$\theta\theta_1 x = \theta_1 \theta x$$
となるとしよう.このとき,ここで取り上げられている方程式はつねに代数的に可解である.

この定理で語られている性質を備えた方程式が**アーベル方程式**であり,ここで主張されているのはアーベル方程式の代数的可解性である.アーベル方程式の呼称は,アーベルの次の世代の数学者クロネッカーが提案した.円周等分方程式の代数的本質は巡回方程式であるところに認められ,巡回方程式はつねに代数的に可解である.ガウスは巡回方程式の一般概念を表明したわけではないが,円周等分方程式の取り扱いの仕方そのものの中に,この方程式の巡回性はありありと現れている.アーベルの慧眼はそれを洞察し,巡回方程式を包み込むアーベル方程式の概念を提示したのである.

ガウスが開いた新しい代数方程式論の場において,アーベルはガウスが陰に陽に口にしていたことのすべてを明るみに出すことに成功したが,それのみにとどまらずなお一歩の独創を言い添えた.それは**アーベル方程式の構成問題**である.

アーベル全集(全2巻),第2巻の巻末に附されたシローの記述は,アーベル方程式の構成問題に関連して興味深い消息を伝えている.シローによれば,アーベルの没後,アーベルの遺稿はホルンボエが所有していたが,1850年に火事があり,多くの原稿が失われたという.残されたのは全5巻(A, B, C, D, E)から

6. 不可能の証明

成る草稿集と若干の断片のみとなった．草稿集の巻 D は全 136 頁．フランス語で書かれ，1827 年 9 月 3 日という日付が記入されているが，66 頁に認められる計算によれば，アーベルは**有理数を係数にもつ素次数のアーベル方程式の根の形状**を決定しているということである．

二問題 A, B に加え，今またアーベル方程式が取り上げられて，根の形状の決定が試みられている．しかもそのアーベル方程式には，断片 (1) におけるのと同様に，有理係数をもつという，注目に値する限定条件が課されているのである．アーベル方程式の構成問題への道がいましも開かれようとする瞬間の，真に深い予感に満たされた光景である．このアーベルの数学的遺産はクロネッカーに継承され，ガウスの数論と結合して虚数乗法論へと続いていった．アーベルの生涯は短かったが，アーベルの数学の夢は没後も受け継がれ，もうひとつの代数方程式論が誕生したのである．

あとがき
―― 「根」と「解」をめぐって ――

数 a が代数方程式 $f(x)=0$ を満たすとき，すなわち等式 $f(a)=0$ が成立するとき，そのような数 a のことを何と呼べばよいのであろうか．今日の日本の数学教育の現場では「根」は避けられる傾向にあり，「解」という用語が大勢を占めつつある印象を受けるが，本書では「解」を避け，一貫して「根」という言葉を使用した．

古典文献に見られるのはつねに「根」である．フランス語の文献で使用例を見ると，ラグランジュは racine（ラシーヌ）と radical（ラジカル）を使い分けている．ラシーヌは「根」，ラジカルは「冪根」で，代数方程式の解法において，加減乗除の四演算に「ラジカルを作る」という演算を加えた五つの演算によりラシーヌを表示することができるとき，その代数方程式は「冪根を用いることによって解ける」と言い表すのである．アーベルもこの流儀を継承した．ドイツ語では Wurzel（ヴルツェル）という言葉が使われる．ラテン語の文献では，オイラーとガウスは radix（ラディクス）という言葉を用いている．これも「根」である．

「解」の使用例は古典には見られないが，「方程式を解く」という考え方と連携をとろうとすると，「方程式の解」と呼ぶのが自然に感じられることもある．

「根」と「解」の使い分けを考えるうえで，数論におけるフェルマの用語法が参考になると思う．フェルマは 1640 年 6 月のメルセンヌ宛の書簡の中で，

$1, 2, 3, 4, 5, 6, 7, 8, 9, 10, 11, 12, 13, \cdots$
$1, 3, 7, 15, 31, 63, 127, 255, 511, 1023, 2047, 4095, 8191, \cdots$

という二重数列を書き下した．上部の数列は自然数で，各々の自然数 n に対応して，下部の第 n 番目の数 2^n-1 が定まるが，フェルマはそれを「完全数のラジカル」と呼んでいる．完全数というのはユークリッドの『原論』に出ている古い歴史を背負う言葉で，ある数が完全数であるというのは，「自分自身の約数の和に等しい数」のことである．その完全数がどうして 17 世紀のフェルマの手紙に顔を出すのかといえば，「もし 2^n-1 が素数なら，それは完全数を作り出すから」とフェルマは言うのである．

数式を援用してフェルマの言葉を再現すると，n は任意の数として和 $S_n = 1+2+2^2+\cdots+2^{n-1}$ を作るとき，もしこの和が素数であれば，積 $S_n \times 2^{n-1}$ は完全数である．この事実はすでにユークリッドの『原論』に見られるもので，フェルマは知っていたと見てまちがいない．S_n が素数の場合，積 $S_n \times 2^{n-1}$ の自分自身以外の約数をすべて書き下すと，

$1, 2, 2^2, \cdots, 2^{n-1}; S_n, 2 \times S_n, 2^2 \times S_n, \cdots, 2^{n-2} \times S_n$

となるが，これらの約数の総和は，$S_n = 2^n-1$ に注意して計算を進めると，

$$2^n-1+(2^{n-1}-1) \times S_n = S_n \times 2^{n-1}$$

となるから積 $S_n \times 2^{n-1}$ は確かに完全数であることが判明する．

このような意味において，もし S_n が素数であれば，それは完全数を作り出す．そこでフェルマは「素数の S_n」を指して，「完全数の根」と呼んだのである．「ある数の平方根」といえば，「自乗することによりその数を作り出す力のある数」というほどの意味に

なりそうだが，素数の S_n には完全数を作り出す力が備わっている．このような用法を見ると，一般にラディクスは「諸現象や諸物の根源にあるもの」というほどの意味合いの言葉であることが諒解されるように思う．代数方程式を見れば，その方程式の根底にあって，その存在を支えている数もしくは量がある．それ以外のところに使用例を求めると，植物の「根」もラディクスである．

「根」という呼称には，代数的解法という手法そのものに内在する特殊な語感が響いているようにも思う．当初，代数方程式の解法の探求においてめざされたのは代数的解法，すなわち代数的演算に依拠する方法であった．代数的解法という明確な自覚が伴っていたわけではなく，眼目は式変形の工夫にあり，提示された方程式を一系の純粋方程式の連鎖に帰着させようとしたのである．3次と4次の方程式はこの方針で解決された．有効な式変形を提示するには卓抜なアイデアを要するが，式変形のプロセス自体は加減乗除の四則演算の組合わせにすぎず，それだけでは方程式を満たす数値には迫れない．真に解法を遂行するには，純粋方程式，すなわち $x^k = a$ という形の方程式を解かなければならないが，この操作を指して，「冪根を作る」「根号を開く」と言い表すのである．この操作は加減乗除の四演算に比していかにも異質であり，方程式の海の奥底に潜み，その方程式の存在を支えている秘密の真珠をつかみ取ろうとするかのような印象がある．単に解というのでは足りず，「根」という言葉がぴったりである．

だが，代数的に解くことのできない方程式を前にすると，この印象は一変する．方程式の解法ということを「代数的な解法」の意味に取り，代数的解法の可能性を素朴に信じる立場に立つ限り，根という言葉がいかにも相応しい感じがあるが，アーベルの

「不可能の証明」により，この素朴な確信の根拠は失われた．代数的解法へのこだわりを放棄すれば，エルミートがそうしたように，楕円関数論に由来する超越関数(楕円モジュラー関数)の助けを借りて5次方程式を解くこともできるようになる．ところが，そのようにして手に入るのは数値の表示にすぎず，「根底にあるものの探索」という印象はかえって薄まってしまうのである．

オイラー以降，関数の概念が大きく拡大し，冪根表示式 $\sqrt[k]{a}$ も関数の仲間として認識されるようになった．関数概念の地平に立つ限り，代数的な冪根関数も超越的な楕円モジュラー関数も同等に目に映じ，ことさらに区別する理由はないというほどの印象さえ立ち現れて，かつて熱心に行われた冪根による表示の探索が不自然なことであったかのような感じさえ醸される．方程式の種類も増え，解析学では微分方程式の考察が課題の中心になるという趨勢も現れた．方程式を満たす何ものかの表示ということに関心が移り，表示法のあれこれが探索されるようになると，探索の対象はもはや「根」ではなく，「解」という，一般的でしかも即物的な呼称のほうが似合っている．昨今は2次方程式の解法の場でも「根の公式」よりも「解の公式」のほうが優勢のように思う．

「根」から「解」へと移り行く趨勢は今日の数学史の話題である．本書は歴史的経緯を尊重し，一貫して「根」を採用することにした．

人名表

シピオーネ・デル・フェッロ
Scipione del Ferro
(生) 1465 年 2 月 6 日　ボローニャ (イタリア)
(没) 1526 年 11 月 5 日　ボローニャ (イタリア)

ゴットフリート・ヴィルヘルム・ライプニッツ
Gottfried Wilhelm von Leibniz
(生) 1646 年 7 月 1 日　ライプチヒ (ドイツ)
(没) 1716 年 11 月 14 日　ハノーファー (ドイツ)

ニコロ・フォンタナ・タルターリア
Nicolo Fontana Tartaglia
(生) 1500 年(一説に 1499 年)　ブレシア，ヴェニス共和国 (イタリア)
(没) 1557 年 12 月 13 日　ヴェニス，ヴェニス共和国 (イタリア)

ジェロラモ・カルダノ
Girolamo Cardano
(生) 1501 年 9 月 24 日　パビア，ミラノ公国 (イタリア)
(没) 1576 年 9 月 21 日　ローマ (イタリア)

ルドヴィコ・フェラーリ
Lodovico Ferrari
(生) 1522 年 2 月 2 日　ボローニャ (イタリア)
(没) 1565 年 10 月 5 日　ボローニャ (イタリア)

ルネ・デカルト
René Descartes
(生) 1596 年 3 月 31 日　ラ・エー (フランス)
(没) 1650 年 2 月 11 日　ストックホルム (スウェーデン)

ピエール・ド・フェルマ
Pierre de Fermat
(生) 1607〜8 年　ボーモン・ド・ロマーニュ (フランス)
(没) 1665 年 1 月 12 日　カストル (フランス)

ヨハン・ヒュッデ
Johann van Waveren Hudde
(生) 1628 年 4 月 23 日　アムステルダム (オランダ)
(没) 1704 年 4 月 15 日　アムステルダム (オランダ)

ヤコブ・ベルヌーイ
Jacob (Jacques) Bernoulli
(生) 1654 年 12 月 27 日　バーゼル (スイス)
(没) 1705 年 8 月 16 日　バーゼル (スイス)

ヨハン・ベルヌーイ
Johann Bernoulli
(生) 1667 年 7 月 27 日　バーゼル (スイス)
(没) 1748 年 1 月 1 日　バーゼル (スイス)

アブラーム・ド・モアブル
Abraham de Moivre
(生) 1667 年 5 月 26 日　ヴィトリー・ル・フランソワ (フランス)
(没) 1754 年 11 月 27 日　ロンドン (イギリス)

レオンハルト・オイラー
Leonhard Euler
(生) 1707 年 4 月 15 日　バーゼル (スイス)
(没) 1783 年 9 月 18 日　サンクト・ペテルブルク (ロシア)

エティエンヌ・ベズー
Étienne Bézout
(生) 1730 年 5 月 31 日　ヌムール (フランス)
(没) 1783 年 9 月 27 日　バス - ロジュ (フランス,フォンテーヌブロー近郊)

ジョゼフ＝ルイ・ラグランジュ
Joseph-Louis Lagrange
(生) 1736 年 1 月 25 日　トリノ, サルデーニャ - ピエモンテ (ドイツ)
(没) 1813 年 4 月 10 日　ベルリン (ドイツ)

ルジャンドル
Adrien-Marie Legendre
(生) 1752 年 9 月 18 日　パリ（フランス）
(没) 1833 年 1 月 10 日　パリ（フランス）

パオロ・ルフィニ
Paolo Ruffini
(生) 1765 年 9 月 22 日　ヴァレンターノ（イタリア）
(没) 1576 年 9 月 21 日　モデナ（イタリア）

ヨハン・カール・フリードリッヒ・ガウス
Johann Carl Friedrich Gauss
(生) 1777 年 4 月 30 日　ブラウンシュヴァイク（ドイツ）
(没) 1855 年 2 月 23 日　ゲッチンゲン（ドイツ）

ニールス・ヘンリック・アーベル
Niels Henrik Abel
(生) 1802 年 8 月 5 日　フィンネ（ノルウェー）
(没) 1829 年 4 月 6 日　フローラン・ヴェルク（ノルウェー）

カール・グスタフ・ヤコブ・ヤコビ
Carl Gustav Jacob Jacobi
(生) 1804 年 12 月 10 日　ポツダム（ドイツ）
(没) 1851 年 2 月 18 日　ベルリン（ドイツ）

エヴァリスト・ガロア
Évariste Galois
(生) 1811 年 10 月 25 日　ブール・ラ・レーヌ（フランス，パリの近くの町）
(没) 1832 年 5 月 31 日　パリ（フランス）

オーギュスタン・ルイ・コーシー
Augustin Louis Cauchy
(生) 1789 年 8 月 21 日　パリ（フランス）
(没) 1857 年 5 月 23 日　ソー（フランス）

参考文献

- ラグランジュ「方程式の代数的解法に寄せる省察」(ラグランジュ全集,第3巻,205-421頁)

- シロー,リー編『アーベル全集』(全2巻,1881年)

- 『生誕100年記念文集』(クリスチャニア大学,1902年)

- ストーブハウグ著／願化孝志訳『アーベルとその時代』(シュプリンガー・フェアラーク東京,平成15年.丸善出版,平成24年)

- ガウス著／高瀬正仁訳『ガウス整数論』(朝倉書店,平成7年.ガウスの著作『アリトメチカ研究』の邦訳書)

- ガウス著／高瀬正仁訳『ガウス数論論文集』(筑摩書房,ちくま学芸文庫M＆S,平成22年)

- ガウス著／高瀬正仁訳・解説『ガウスの《数学日記》』(亀書房制作,日本評論社発行,平成25年)

- 高木貞治『近世数学史談・数学雑談』(復刻版,共立出版,平成8年)

- 高瀬正仁『ガウスの数論　わたしのガウス』(筑摩書房,ちくま学芸文庫M＆S,平成23年)

索引

あ行

アーベル 4, 50, 60, 74, 80, 81, 92, 93, 94, 95, 96, 97, 99, 101, 103, 104, 105, 106, 108, 109, 110, 111, 113, 114, 115, 117, 118, 119, 121, 122, 123, 124, 125, 126, 127, 132, 134, 135, 138, 139, 141, 143, 144, 145, 146, 147, 148, 149, 150, 152, 153, 156, 157, 161, 162, 163, 166, 169, 170, 172, 173, 174, 175, 176, 177, 179, 182, 183, 184, 185, 186, 187, 188

アーベルとその時代 99
アーベルの加法定理 158
アーベルの生涯 100
アーベルの定理 158
アーベル積分の加法定理 158
アーベル方程式 186, 187, 188
アーベル方程式の構成問題 187
アイゼンシュタイン 127, 134
アシェット 150, 151, 155
アリトメチカ 3, 5
アリトメチカ研究 52, 60, 62, 69, 72, 77, 82, 85, 91, 127, 129, 135
アルキメデスの螺旋 2
アルス・マグナ 12, 38, 109
アンペール 154
ヴァイエルシュトラス 140
ヴァンデルモンド 56,

エイスタイン・オーレ 100
エネストレーム 91
エネストレームナンバー 91
円周等分方程式 52, 53, 79, 80, 81, 86, 186
円周等分方程式論 82, 86
円積問題 2
オイラー 3, 4, 5, 6, 31, 32, 33, 34, 35, 36, 39, 48, 57, 62, 74, 75, 84, 90, 91, 92, 114, 128, 158

か行

解析雑論 54
角の三等分 2
カルダノ 9, 13, 38, 109, 132, 162
カルダノの規則 12, 26
カルダノの公式 12
ガウス 4, 5, 7, 50, 52 60, 61, 62, 63, 64, 69, 70, 71, 72, 73, 75, 76, 79, 82, 83, 84, 85, 86, 90, 91, 92, 93, 94, 95, 96,, 124, 125, 126, 127, 129, 130, 131, 132, 133, 135, 138, 163, 175, 187, 188

ガウス数域 131
ガウスの和 82, 83, 133
カルダノ 168
ガロア 80, 127, 134, 162, 163, 175
虚数乗法論 176
近世数学史談 94, 102, 104, 105, 110,

149, 150, 154, 155, 156, 159, 162
ケイルハウ　144, 148, 149
クリスティーネ・ケンプ　120
クレルレ　93, 96, 97, 98, 140, 141, 143, 159
クレルレの数学誌　97, 122, 141, 142, 143, 166, 172, 186
クロネッカー　63, 176, 182, 187, 188
還元方程式　15, 21, 22, 23, 28, 30, 42, 44, 45, 48, 58
原始根　61, 62
コーシー　150, 153, 154, 155, 170, 171, 175
コンコイド　2

さ行

サイクロイド　2
自然科学誌　115, 116, 117, 151
シソイド　2
シピオーネ・デルフェッロ　5, 11, 12, 13, 14, 15, 17, 21, 22, 25, 26, 28, 29, 34, 35, 36, 40, 42, 55, 67, 68, 168
シューマッハー　124, 139, 151
シュテッケル　77
シェリング　85
ジェルゴンヌの数学誌　97, 98
シロー　115, 116, 187
新修輓近高等数学講座　94
巡回方程式　63, 80, 184, 187
省察　7, 11, 38, 49, 50, 73, 74, 75 82, 83, 169, 171, 173, 174
数学日記　74, 75, 77

数学の演習　154
数論のエッセイ　128
ストゥーブハウグ　99
正弦曲線　2
生誕100年記念文集　99, 106, 110, 146, 154
聖堂学校　101, 105, 109
セジェイ　151
続輓近高等数学講座　94

た行

対数曲線　2
代数学　4, 6
代数学の基本定理　72, 126
代数学への完璧な入門　3
代数的演算　172
代数的表示式　172
楕円関数研究　92
高木貞治　94, 102, 104, 110, 149, 150, 153, 158
タルタリア　5, 11, 12, 13, 14, 15, 17, 21, 22, 25, 26, 28, 29, 34, 35, 36, 40, 42, 55, 67, 68, 168
チルンハウス　26, 30, 31, 32, 35, 36, 39, 48, 76
ヂリクレ　150
チルンハウス変換　26
定解析　3
デーエン　109, 110, 111, 113, 114, 119, 120, 121
ディオクレス　2
ディオファントス　3, 4, 5
ディオファントス解析　4

ディリクレ　152
デカルト　38, 48
デカルトの葉　2
ド・モアブル　54, 55, 56, 57, 58, 60, 61

な行

ニールス・ヘンリック・アーベル　140
2項周期　67, 68
ニコメデス　2
ニコラウス・フス　90, 92
ニュートン　104

は行

ハインリッヒ・フス　92
パリの論文　157
ハンステン　103, 109, 110, 113, 117, 118, 119, 145, 146, 149
輓近高等数学講座　94
ビエルクネス　100
微分計算教程　115
ヒュッデ　13
フーリエ　154
フェラリ　5, 38, 39, 41, 42, 44, 47, 48, 132, 168
フェリュサック　148, 151
フェリュサック誌　151
フェルマ　3, 5, 71, 90
フェルマ素数　71
フェルマの小定理　62, 131, 133
不可能の証明　50, 60, 74, 81, 122, 125, 126, 132, 133, 134, 135, 141, 161, 166, 171, 172, 173
フス　91
フスナンバー　91
不定解析　3
不定解析研究　128
不定方程式論　3, 4
普遍算術　104
フンボルト　152
平方剰余相互法則　86, 128, 131
ベズー　31, 32, 33, 34, 35, 36, 39, 48
ベルヌーイ兄弟　90
ポアソン　154
方程式の解法概論　附．代数方程式論のいくつかの論点に関するノート　85
方程式の代数的解法に寄せる省察　6
ホルンボエ　103, 104, 105, 115, 121, 144, 148, 150, 161, 176, 177

ま行

マルムステン　185, 186
無限解析序説　74
ミッタク-レフラー　140

や行

ヤコビ　92, 134
ヤコブ　90
4次剰余相互法則　130
ヨハン　90
ヨハン・ベルヌーイ　90
ヨハン・ベルヌーイ（Ⅲ）　3
ヨハン・ベルヌーイ（Ⅰ）　4
ヨルビッツ　147

ら行

ライプニッツ　90

ラグランジュ　4, 5, 6, 7, 8, 9, 10, 11, 13, 19, 21, 22, 26, 28, 31, 32, 33, 35, 36, 38, 39, 43, 47, 48, 49, 50, 52, 56, 57, 58, 59, 60, 61, 69, 73, 74, 75, 79, 82, 83, 84, 86, 90, 113, 128, 168, 169, 171, 173, 175

ラグランジュの分解式　19, 20, 21, 22, 25, 36, 48, 58, 74, 75, 78, 79, 162, 173, 174

ラクロア　154

ラプラス　155

ラスムセン　103, 104, 109, 118

立方体倍積問題　2

リー　115

リーマン　133, 152

リューヴィユ　98

ルサージュ　155

ルジャンドル　128, 129, 130, 131, 132, 147, 148, 150, 153, 177

ルジャンドルの記号　129, 131, 133

ルフィニ　168, 170, 175

レムニスケート　2

6項周期　64

わ行

わが数学者アーベル　その生涯と発見　100

著者紹介：

高瀬正仁（たかせ・まさひと）

昭和 26 年（1951 年），群馬県勢多郡東村（現在，みどり市）に生れる．九州大学基幹教育院教授．専門は多変数関数論と近代数学史．平成 20 年（2008 年），九州大学全学教育優秀授業賞受賞．2009 年度日本数学会賞出版賞受賞．

著書：

『高木貞治　近代日本数学の父』．岩波書店（岩波新書），平成 22 年．
『ガウスの数論　わたしのガウス』．筑摩書房（ちくま学芸文庫 Math & Science），平成 23 年．
『岡潔とその時代　評伝岡潔 虹の章 I 正法眼蔵』（みみずく舎，平成 25 年）
『岡潔とその時代　評伝岡潔 虹の章 II 龍神温泉の旅』（みみずく舎，平成 25 年）
『古典的難問に学ぶ微分積分』（共立出版，平成 25 年）　　　　　他多数

翻訳：

『ヤコビ楕円関数原論』（ヤコビの著作『楕円．関数論の新しい基礎』の翻訳書）．講談社サイエンティフィク，平成 24 年．
『ガウス　数論論文集』（ガウスの数論に関する全論文 5 篇の翻訳書）．筑摩書房（ちくま学芸文庫 Math & Science），平成 24 年．
『ガウスの《数学日記》』（訳と解説：高瀬正仁，亀書房制作，日本評論社発行，平成 25 年）　　　　　他多数

双書⑪・大数学者の数学／アーベル（前編）

不可能の証明へ

2014 年 7 月 14 日　初版 1 刷発行

著　者　　高瀬正仁
発行者　　富田　淳
発行所　　株式会社　現代数学社
〒 606-8425　京都市左京区鹿ヶ谷西寺ノ前町 1
TEL075（751）0727　FAX 075（744）0906
http://www.gensu.co.jp/

検印省略

ⓒ Masahito Takase, 2014
Printed in Japan

印刷・製本　　為國印刷株式会社
装　丁　　Espace ／ espace3@me.com

ISBN978-4-7687-0432-5　　　　落丁・乱丁はお取替え致します．